理解建筑

Understanding Architecture

［意］马可·布萨利（Marco Bussagli）著

张晓春 金迎 林晓妍 译

清华大学出版社

北京

Copyright © 2012 by Giunti Editore S.p.A., Firenze-Milano.

www.giunti.it

Translation Copyright ©2012 by Tsinghua University Press

北京市版权局著作权合同登记号 图字：01-2013-2513

版权所有，侵权必究。侵权举报电话：010-62782989 13701121933

图书在版编目（CIP）数据

理解建筑／（意）布萨利（Bussagli，M.）著；张晓春，金迎，林晓妍译.
--北京：清华大学出版社，2013
书名原文：Understanding architecture
ISBN 978-7-302-31923-8
I.①理… II.①布… ②张… ③金… ④林… III.①建筑史 IV.①TU-0

中国版本图书馆CIP数据核字（2013）第078410号

责任编辑：徐 颖 赵 蒂
装帧设计：陆智昌
责任校对：王凤芝
责任印制：杨 艳

出版发行：清华大学出版社
　　　　网　　址：http://www.tup.com.cn，http://www.wqbook.com
　　　　地　　址：北京清华大学学研大厦A座　　邮　编：100084
　　　　社总机：010-62770175　　　　　邮　购：010-62786544
　　　　投稿与读者服务：010-62776969，c-service@tup.tsinghua.edu.cn
　　　　质量反馈：010-62772015，zhiliang@tup.tsinghua.edu.cn
印装者：北京天颖印刷有限公司
经　销：全国新华书店
开　本：185mm×235mm　　印　张：12.25　　　　字　数：594千字
版　次：2013年9月第1版　　印　次：2013年9月第1次印刷
印　数：1～6000
定　价：69.00元

产品编号：021607-01

Understanding Architecture

目 录

文明、建筑成就
与杰出人物

Civilizations, Architectural
Achievements, Outstanding Figures

建筑可以称作"人类的巨著",正如维克多·雨果所说:"六千年以来,从最远古的印度斯坦的宝塔到科隆的主教堂,建筑是人类书写的巨著,事实上在这部由纪念碑构成的巨著里,每一种象征物、每一种人类的思想都有一页。"

也许对建筑重要性的最清晰的概括,莫过于将建筑看作政治、宗教或完全是美学意识的综合表达,不过这种概括总是反映了一代又一代人的投入和热望。

建筑还是一部由那些转瞬即逝的历史人物,凭着要修建在未来仍可以再现自己的建筑的坚定信念,历尽辛苦完成的石头的巨著。

接下来的内容,将探究各个历史时期和不同国家所取得的建筑成就,以及那些在建筑历史上的杰出人物。在这里我们必须记住,建筑师作为创造优秀作品的独立个体,他仅提供一种可能性或一种理解。一座建筑的形式同样也可以被理解成为一个民族智慧的结晶。古神庙就是相当典型的例子,因为文献缺失,我们无从知道它们究竟最初是由谁构思的。距离今天的时代越近,建筑师表现出来的个性就越突出,并最终对基本的平面和风格特色承担了全部责任。

新石器时代的种族与
人种文化

维特鲁威在他的著作《建筑学》(DE
architectura) 中，把建筑学与早期人类文
明联系了起来。我们对于新旧石器时代
交替时期（公元前 8000—前 3000 年）知
之甚少，在那段时间里，游牧部落开始
半游牧或者定居生活。比如咸海地区的
克尔捷米纳尔 (Kelteminar) 新石器文明
（公元前 40 世纪），半游牧的高加索猎人
和渔夫们在那里生活。他们的锥形体小
屋有着圆形的底，在屋顶的中央有一个
供释放烟气的孔。他们的屋顶是木制的，
上面覆盖着灌木与禾莛。直到今日，某些
文明世界仍在建造这种式样的小屋。

因纽特人的圆顶小
屋，《极地世界》(The
Polar World) 中的雕
版图，1874 年。

从圆顶小屋中获得灵
感的铝制的现代建
筑，可眺望到迪斯
科 (Disko) 湾中漂
浮的巨大冰山、北极
(Arctic) 酒店、伊路
利萨特 (Ilulissat) 和
格陵兰岛西北部。

卡萨芒斯 (Casamance)
地区的常见小屋室内。塞
内加尔，西非。

● 人种学背景

关于早期建筑的个别概念，可以通
过考察人种文化而获得，因为位于地球不
同纬度的各个种族，都将他们的传统文化
一个世纪一个世纪地继承和延续下来。尽
管人类学家和环境保护主义者在紧急呼
吁，一些人类栖息地仍旧不断受到西方
经济拓展和生态灾难的威胁：如从亚马孙
和中非的雨林到北极和南非，这些地区的
土地干旱但却盛产钻石和黄金。因此，我
们至少应当及时记录下那些正在消亡之
中的种族的生活方式和生活习俗。

例如经常被误认为是爱斯基摩人的
因纽特人，是有自己独立语言的游牧部
落。关于他们是如何在约 5500 年前从亚
洲穿过白令海峡，在西伯利亚、阿拉斯
加、加拿大和格陵兰岛等地的海岸定居，
仍是一个谜。因纽特人典型的住所与世界

上其他地区的不同：是用坚冰或厚雪块砌
筑而成的拱形圆顶小屋，那是一种能够抵
挡最猛烈的风暴并使人即使在极地气温
条件下也能居住的建筑。圆顶小屋是完全
由冰或雪块组成的圆形结构，有着一个半
圆形的入口，在屋顶有一个供通风和排烟
用的孔，它是在渔猎季节使用的临时用
房。在没有树木生长的格陵兰岛南部海
岸和西北海岸，零星散布的村庄里的传
统房子是由覆盖着苔藓的石头砌成。一
直到欧洲殖民者抵达这里之后，这些房
子才被造在木桩上的、用窄木板建造的
房子所代替。

在白令海峡区域的因纽特人从很久
以前就住在外覆海象皮的、造在桩子上的
小屋里。从史前开始一直到今天，在世
界范围内的许多文明里——尤其是在远
东——仍在普遍使用各种式样的建在桩

巨石阵，公元前 30 世纪，索尔兹伯里，威尔特郡，英国。

子上的房子。这种使用天然材料的居住结构形式，在较温暖的气候区采用圆屋顶，就像南非的一些栅栏村庄部落（kraal）里的建筑；而在非洲的中南部，则是圆柱形的屋身加上圆锥形的屋顶，或者是长形的屋身加上平屋顶或者斜屋顶。

博尼图（Bonito）村的航拍图，公元 850 年至 1130 年，查科国家历史公园，新墨西哥州，美国。

该村曾住过阿纳萨兹（Anasazi）部落（在纳瓦霍语中意为"老人"），有超过 600 栋住房和 33 座地穴式会堂建筑。

● 巨石阵

除了作为居住用的房子，用来供部落崇拜或者聚会的纪念性建筑，也从远古时便开始建造了，也许最有名的就是位于南英格兰的巨石阵。那个遗址最古老的部分可以追溯到公元前 2500 年左右。巨石阵被认为是一种天文台或者太阳神庙，也许兼而有之。巨石阵排列成一系列的同心圆，或称为环状巨石（cromlechs），巨大的石块垂直立在地面上，顶部覆盖着水平横板，形成巨石牌坊。

永德运河（Vinh Te Canal）边的吊脚楼民居。越南。

● 印第安人村庄

今天仍旧可以在亚利桑那州和新墨西哥州草原与高原的普韦布洛〔pueblos，字面上意为"人"（people）或者"村民"（villages）〕印第安人部落，看到从渔猎游牧经济向农业经济转型的阶段。那些居住点由小型立方体形状的房子组成。它们以峡谷的岩石做支撑，相互叠加，而筑在它们边上就是地穴式会堂建筑（kiva）——那被认为是让神灵休息的圣所。

埃及

几千年来，尼罗河是古埃及文明繁荣与财富的源泉。古埃及文明沿着几乎整个尼罗河流域延伸，从公元前4000年开始就一直繁荣，直到公元前525年由冈比西斯二世（Cambyses II）——居鲁士大帝（Cyrus the Great）之子带领波斯人征服了古埃及。后来，在亚历山大大帝统治时期建立了亚历山大城（公元前332年），这成了巩固埃及与希腊文化的纽带。接着，罗马推翻了托勒密王朝（公元前31年），将尼罗河流域当作其帝国的谷仓。埃及后来陷入拜占庭帝国的统治，直到彻底被伊斯兰军队征服（639—642年）。

哈特谢普苏特女王（Hatshepsut）和图特摩斯三世（Thutmose III）神庙的纪念性大门。卡纳克，埃及。

这个人口以巨大的牌楼门著称，两座魁伟的呈锥形的巨柱立在牌楼门两侧。

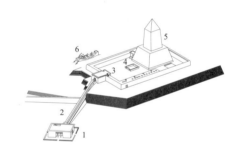

尼乌塞尔第五王朝（Niuserre V Dynasty，公元前2480年）的太阳神庙的复原图。阿布朱拉布，埃及。
1. 纪念性入口
2. 通向神庙的通道
3. 院落
4. 祭坛
5. 方尖碑
6. 太阳船

● 首都
埃及最古老的首都是孟菲斯，它以金字塔闻名。孟菲斯位于下埃及和中埃及的交界处。在十一王朝统治时期首都迁到了底比斯，位于上埃及。在公元前16到前13世纪之间（十八至十九王朝）这座城市达到了它辉煌的顶峰。底比斯沿着尼罗河覆盖在从现今的卡纳克和卢克索（尼罗河东岸）到古尔纳（Gurnah）和麦迪内特哈布（Medinet Habu）村（尼罗河西岸）的广阔土地上，这是一座供奉给阿蒙神的神圣的城市。在这里人们发现了埃及最有名的纪念神庙的遗址，神庙在这里经过数个世纪的日益发展，终于成为复杂、壮观的建筑群。

● 神庙
埃及神庙能够用三个特征来分类：露天式（向天敞开），献给太阳之神——法老的父亲；围柱式，希腊神庙的前驱（长方形的小间，在短边开口，并且有柱廊围绕）；密室式（带柱廊的院子，中庭、前庭、小室和圣所全部排成一列，形成一个漏斗形的布局）。

● 建筑技术
从最初依靠简陋的建筑材料（开始是木头和芦苇，然后是从尼罗河取来的泥土材料，比如土砖，一种用泥和稻草的混合物），埃及建筑约在公元前2600年开始使用石灰石和砂岩。与前辈相比，在相同形式和类型的建筑中，采用这些更坚固、

更坚硬（但也是更重的）材料，需要复杂的建造技术。第一个问题，如何将粗凿下来的石块从采石场运送到工地。当时的解决方式是在陆地上用木滚轮，在河里用木筏。这些方式依赖大量廉价的、经过良好训练的劳工而变得具有实施的可行性。通过在斜坡上推动石块而使它们就位。在柱子之间的空间填满了松散的泥土，以确保最大的稳定性，之后这些泥土被清理走。为了使结构更为坚固，柱子有时候半埋在地下。屋顶依巨石牌坊系统建成：巨大的石板，或者如果用于住宅的话就用木板，由固定结合点的方式固定到柱的顶部。沿着建筑的两侧，在墙顶上开了口以便采光，用以满足室内理想的效果。

● 方尖碑

　　除了神庙和金字塔（第12—13页），古埃及还有一种纪念建筑形式叫作方尖碑。从奥古斯都皇帝开始有30多个被运到了西方，现在只有很少一些留在原来的地方。方尖碑由整块石料刻成，有四个角，碑体逐渐收细并且最后在顶端收成一个顶点（因此用希腊语的obeliskos，英语意思为"针状物"）。

　　方尖碑用一种简单而有效的技术竖立在神庙入口，即依靠内部灌沙的支撑墙把碑竖起。方尖碑是神圣的太阳之光和生命之源的象征。一些方尖碑指向天空，高达40米，它们庄严的外观在文艺复兴时期散发着无穷魅力。

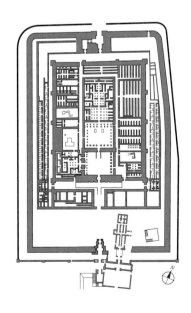

金字塔

　　"金字塔"（Pyramid）一词的语源不是很确定，因为建筑的外形和火焰的形状相像，非常可能和希腊词 pyr（"火"）有关。一座金字塔标明了一个埃及法老的埋葬之地。金字塔是皇室成员才能使用的陵墓。它有一个正方形的底面，四个三角形的侧面在顶点会聚。

● 从马斯塔巴到金字塔

　　埃及的皇家金字塔被视为旧王朝时期（公元前 2850—前 2230 年）十分普及的民间坟墓马斯塔巴（Mastaba）的重大演化。这种坟墓的样子就像截短的、长方形底面的金字塔，让人联想到长椅〔源于阿拉伯语 mastaba（石头长椅）〕。马斯塔巴是一个密实的土墩，由石头和陶瓦砌成，通常在长边上有两个口，连接一条通向棺木的地下井道。在外面，土墩的东侧是一个用来祭祀的祭坛，它逐渐变成一个房间，用于相同的目的。后来又加上了一些用来反映家庭生活的空间（院子、走道和由图画与浮雕装饰的房间）。房间内的丰富装饰是人们日常生活的反映，或者对已被塑成雕像的亡者通往另一个世界的过程的描述。皇家的金字塔的形式也许是将这些私人坟墓理想化地叠加起来，这样法老的安葬之处在象征上具有更重要的意义。这种将一个马斯塔巴叠加到另外一个上面，从下到上逐渐变小的方式，最后变成了阶梯状金字塔，例如昭赛尔法老的金字塔（见《认识建筑》第 74 页），也是留存至今的最古老的金字塔（约公元前 2650 年）。

● 基本特征

　　金字塔在将所有阶梯之间的空隙填充完毕后最终成型。不像马斯塔巴，金字塔没有地下墓室，而是将中心墓室放在金字塔身里面，需要通过狭长的通道才能进入墓室。对于当时的建筑师来说，墓室是运用拱形室设计最早的尝试。这是因为存放着法老木乃伊的墓室安放在金字塔的中心，建筑的巨大重量都压在其上。为了消解墓室顶部的巨大的压力，像假拱、平顶和"倒 V 顶"的解决方案都尝试过。金字塔不是一个孤立的碑体，用于举行葬礼的附属建筑物坐落于两侧。

基奥普斯（胡夫）、基夫伦（哈夫拉）和美塞里努斯（门卡拉）金字塔，第四王朝（公元前 2625—前 2510 年）。吉萨，开罗，埃及。

这些宏伟的金字塔的建造过程超过一个世纪。在它们前面还有三个小的阶梯形金字塔。

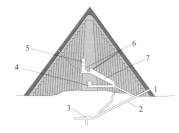

吉萨的胡夫金字塔竖向剖面
1. 入口
2. 下行走道
3. 未完成的墓室
4. 王后的墓室
5. 解脱墓室
6. 法老的墓室
7. 大通廊

一组马斯塔巴的图。

盖尤斯·塞斯提乌斯（Gaius Cestius）金字塔，
公元前 28—前 12 年。罗马，意大利。

*罗马金字塔形墓穴反映了奥古斯都时代异国情调
口味的流行。*

安东尼奥·卡诺瓦（Antonio Canova），提香
（Titian）纪念碑的赤陶和木制模型，1795 年。
科里尔博物馆（Correr Museum），威尼斯，意
大利。

● 不朽的魔力

　　从古罗马开始，几个世纪以来金字塔
宏伟的形式和绝对的王权，对许多人来说
都散发着强烈的魅力。文艺复兴重新发现
了埃及文化，将金字塔的概念复兴，作为埋
葬的纪念碑和永生的象征。现代建筑中的
金字塔没有了这些意义，以新的形式出现
的金字塔的建筑材料和功能性都取得了革
新，也许最著名的例子就是贝聿铭在卢浮
宫设计的玻璃金字塔（见本书第 166 页）。

印度河流域文明

摩亨朱达罗（Mohenjo-daro，死亡之山），是传统上对于印度河右岸土墩群的称呼，位于现在的巴基斯坦海尔布尔地区。1922 年，印度考古学家拉哈尔·达斯·巴纳吉（Rakhal Das Banerji）在一座公元 2 到 4 世纪的佛塔下面发现了一座历史早得多的古城遗址，该古城遗址中的住宅都有由烧制的清水砖砌成。

由此开始的一系列发现表明，公元前 20 世纪中期到公元前 4 世纪后期的印度河流域，也就是今天的巴基斯坦和印度西北部地区，曾经出现过繁荣的古代文明。

摩亨朱达罗城址遗航拍图。摩亨朱达罗，信德省，巴基斯坦。

● 哈拉帕和摩亨朱达罗城

第一次发现的摩亨朱达罗城遗址和另一处在 1860 年发现的、以前鲜为人知的考古遗址哈拉帕（Harappa），具有许多类似的特征，哈拉帕位于现在巴基斯坦的旁遮普省。这两处遗址的城市布局都非常精致，在人类早期的文明和建筑中非常罕见。

各种推断都认为这两座古城应该是当时的王国首都，坐落于筑有防御工事的山丘脚下。两座古城的布局都呈棋盘状，街道垂直相交，有发达的水利灌溉系统。基于这些发现，印度河流域的文明应该在铜器和青铜时代具有重要的地位。它是独立于同时期的地中海、美索不达米亚和中国的文明，在建筑、艺术和社会成就方面，它毫不逊色于这些文明。

● 考古发掘

从上世纪至今，巴纳吉和他之后的考古学家，从查尔斯·马森（Charles Masson）、亚历山大·伯恩斯（Alexander Burnes）到亚历山大·坎宁安（Alexander Cunningham），在摩亨朱达罗城地区进行考古发掘，并在哈拉帕地区取得了重要的考古发现。在对于摩亨朱达罗城考古过程中，第一层和最后一层之间没有发现明显的差异，这说明后期的文明显然是由早期的文明演化发展而来的。事实上，初期阶段的挖掘发现纵横交织的道路

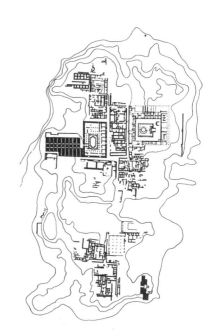

摩亨朱达罗城址遗址复原图。

遗址主要部分的遗迹，背景处是一座舍利塔。摩亨朱达罗，信德省，巴基斯坦。

大浴室遗迹。摩亨朱达罗，信德省，巴基斯坦。

大浴室由烧制的砖建造而成，分成若干不同的房间，服务于宗教功能／浴室的中心有一座近12米长、10米宽的水池。

呈精确的网格状，后来在棋盘状的主要格局上加入了小路和弄堂。道路在当时很宽阔，主干道宽度从不足4米至6米不等，小弄堂的宽度刚好1米。尽管路面还没有被正式铺过，但路上的砖块和陶器碎片充分说明了当时的人已具有这样的意识。遗址中最惊人的亮点在于它的灌溉水利系统，每家每户厕所中的有机废物被排到净化通道，净化水系统和饮用水系统被严格区分开来。最近，在哈拉帕遗址还发现了一个垃圾回收系统，垃圾存放于一个长方形的垃圾箱中。

● 房屋

　　由于缺乏材料和确凿的证据，要确认各种建筑的功能还不可能。不过根据形状，这些房屋可大约分成寺庙、宫殿、私人住宅、工匠铺和砖窑。私人住房要么很小，要么很大（怀疑那些大的不是住房而是仓库），没有介于中间尺度的住房。住房由一个大房间组成，有时候还有楼梯通向上面的二层或屋顶。

一个艺术家住宅中的由赤陶覆盖的坑穴。摩亨朱达罗，信德省，巴基斯坦。

两河流域

美索不达米亚，肥沃的"两河之间的土地"（底格里斯河和幼发拉底河），几乎相当于现在的伊拉克、土耳其亚洲部分和叙利亚北部。远在公元前331年被亚历山大大帝征服之前，小亚细亚的这块土地便先后有不同的种族居住，以演化出了高度发达的城市社会为特征，在建筑史上也非常重要（见《认识建筑》第110页）。

大观象台，公元前2000年。乌尔，伊拉克。

美索不达米亚最有特色的建筑就是大观象台（见《认识建筑》第49页）。在建筑顶部的神庙的位置具有象征性的意义，即它使得人们能够接近苍穹，进行对神明的冥想。

在尼布甲尼撒二世时期，巴比伦的首都占地面积与罗马共和国和罗马帝国的首都比较。

巴比伦神庙复原图。

这个金字塔形的建筑，也许就是《圣经》里的巴别塔的构思，根据历史学家斯特拉博（Strabo）的说法，可能高达183米。它共有七层，这与当时所知的行星数量相同。

● 苏美尔人

苏美尔人（公元前3200年—前2800年）也许与印度河河谷的文明有着共同的祖先，他们在公元前4000年的最后两个世纪在美索不达米亚定居了。他们的首都乌尔（Ur）在幼发拉底河的右岸〔靠近今天伊拉克的泰勒穆盖亚（Tellel-Muqayyar）〕，是一个布置在"方格子"基础上的城市，能够确保空间的合理使用。幼发拉底河流域另外一个重要的城邦是乌鲁克〔Uruk，在《圣经》中称为埃雷克（Erech），在阿拉伯语中称为瓦尔卡（Warka）〕，在这里，可以发现塔形观象台的最古老的一些实例。这是一种不寻常的建筑，有着地下葬室，被两道同心的厚墙包围。另外一种值得一提的建筑是椭圆形神庙，它坐落在卡法耶（Kafajeh，迪亚拉省，伊拉克），年代在公元前2750年到公元前2600年间。椭圆形神庙建筑在城市网格中独立存在，非常醒目，同样也有两道同心墙围绕。在这组建筑群中另一种重要的建筑也许是用作神庙的行政管理，以确保宗教机构的权力和经济上的优越地位，这与古代世界的其他文明非常相似。

古城乌鲁克的一个石砌地下陵墓建筑的废墟，公元前 4000 年到前 3000 年。瓦尔卡，伊拉克。

● 阿卡德人

随着最后的拉加什（Lagash）王朝的覆灭，苏美尔人的权力被阿卡德人（Akkad）的萨尔贡王朝（Sargon，公元前 2350—前 2300 年）所取得，他们开辟了一个建筑复兴和重建的时期。这个时期一直持续到拉加什的古地亚（Gudea，公元前 2141—前 2122 年）和第三乌尔王朝统治时期。

● 巴比伦人

从波斯湾延展到今天的巴格达，富饶的巴比伦平原有两个伟大的历史时期，第一帝国（公元前 20 到前 16 世纪），以它的君主汉谟拉比（约公元前 1792—前 1750 年）的人格和成就而著称；以及首先是希泰人的统治时期，然后是卡塞特人（Cassites）的统治，最后是亚述人尼布甲尼撒二世的王朝（Nebuchadnezzar Ⅱ，约公元前 605—前 562 年）。由于汉谟拉比高效而出色的统治，在首都巴比伦〔或者叫巴别（Babel）〕出现了建筑的繁荣，巴比伦的空中花园和神庙在古代世界里闻名遐迩。在公元前 1531 年，这座坐落在幼发拉底河两岸的神话般的城市被赫梯人洗劫，宣告了它的第一次衰退。后来尼布甲尼撒复兴了巴比伦，当时首都拥有一百万人口。在公元前 539 年，巴比伦最终彻底被波斯人征服。

● 赫梯人

巴比伦文明衰退的第一阶段是由于亚述人殖民地的解放和赫梯帝国（Hittite，公元前 15 世纪到前 13 世纪）的扩张。赫梯帝国将它的政治和军事权力从美索不达米亚的北部扩展到今天的土耳其边境，甚至一直到遥远的埃及。尽管赫梯艺术很明显地源于亚述和巴比伦类型，赫梯文明的建筑本身还是显露出了非常强大的生命力。例如在安纳托利亚（Anatolia，土耳其的亚洲部分）的哈图萨斯（Hattusas）城，壮丽的狮子门就显示了无可争议的原创性。

狮子门，公元前 13 世纪到前 12 世纪。博阿兹柯伊，土耳其。

在赫梯首都的这个人口的废墟，雕刻着两只守护狮浮雕像，它们部分是被复原的。

伊朗高原上的民族

如同美索不达米亚，辽阔的伊朗高原也连续见证了几个不同的非常杰出的文明。古称"雅利安（Arya）文明"的版图虽然仍有疑问，但基本上认为它占据了今天伊朗高原的大部分地区，以及北至高加索山脉和咸海、东到底格里斯河、西到印度河、南到波斯湾和阿拉伯海之间的区域。雅利安文明的西部从米堤亚（Media）到波斯。

● 埃兰文明

大约公元前 4000 年，在靠近伊朗高原边界的地方出现了埃兰〔Elam，也称苏西安纳（Susiana）〕文明，以苏塞（Susa）城邦为中心。到公元前 3500 年的时候，苏塞〔即今天伊朗西南部的舒什（Shush）〕的面积已经达到了 24 公顷。由于深受苏美尔（Sumerian）文明的影响，埃兰王国在公元前 2300 年被吸收进阿卡德（Akkadian）王朝。其文明又继续发展了几个世纪，在公元前 1930 年征服了乌尔城。在建立了杜尔—乌塔什（Dur-Untash）都城〔即现在的绍加赞比尔（Choga Zanbil），大观象台至今还屹立在这里〕和在公元前 1175 年征服了古巴比伦以后，埃兰文明的声望达到了顶点。

● 米堤亚人

这一区域内最早的、最主要的政治实体是米堤亚（Media）王国，王国的都城设立在埃克巴坦那〔Ecbatana，现在的哈马丹（Hamadan），距德黑兰西南方向 400 公里〕。居住在都城的米堤亚人是来自北方的民族。

据资料记载，早在公元前 9 世纪，米堤亚人就征服了新亚述帝国（公元前 614—前 612 年），开始向西扩张，后来进入短暂的波斯王国时期。

苏桑古城邦遗迹。舒什，伊朗。

苏桑古城邦于公元前 640 年遭到亚述巴尼拔的毁坏，后被在那里过冬的阿契美尼德人重建。遗迹的主体部分坐落在一个人工堆砌的山丘上，下面有多层考古遗迹。

印舒希纳克（Inshushinak）和那佩里沙（Napirisha）的通向埃兰大观象台台阶的拱，公元前 1250 年。杜尔—乌塔什（绍加赞比尔），伊朗。

圣城杜尔—乌塔什距苏桑古城邦不远，连同城内泥砖墙的寺庙，是按照乌塔什·那佩里沙（Untash Napirisha）国王（公元前 1250 年）要向其领地施加影响的动机而建造的。都市的中心被三圈城墙围绕，中间包括无数圣坛。第三圈城墙将城市彻底围合，里面有不少未能建成的私人住宅。城市的供水来自于一个净化井，通过水道连接。

居鲁士大帝陵墓，公元前 529 年。帕萨尔加德，伊朗。

帕萨尔加德（意为波斯人的营地，或法尔斯的森林）位于伊朗西南部迈尔哈布（Marghab）平原以上海拔 1890 米，靠近普勒瓦尔河的地方。从东南方向一进入遗迹内部，大约高 10 米的居鲁士大帝陵墓就跃入眼帘。居鲁士大帝，这位伟大的阿契美尼德君主下令修建了这项宏伟的工程，与他一览众山小的权力相一致。

● 乌拉尔图人

乌拉尔图（Urartu）王国与亚美尼亚为邻，后成为米堤亚王国的附属国，乌拉尔图王国的历史可以追溯至公元前 9 世纪。乌拉尔图的寺庙形状像塔，对波斯和阿契美尼德建筑产生了重要影响。

● 阿契美尼德人

居鲁士大帝是阿契美尼德（Achaemenid）的开国君主，在这一时期，波斯人开始对米堤亚人的政治和军事影响有所反应。公元前 550 年，居鲁士大帝推翻了阿斯提阿格斯（Astyages）皇帝，宣布自己成为米堤亚王国和波斯王国的君主。阿契美尼德王朝是艺术繁盛的时期，留下了大量重要的建筑遗产，包括位于帕萨尔加德（Pasargadae，伊朗西南部）的居鲁士大帝本人庄严的陵墓，以及波斯波利斯（Persepolis）的杰出建筑群（将在下两页介绍）。

萨桑王朝宫殿和观众厅遗迹〔克斯罗拱门（Arch of Cosroe）〕，公元前 6 世纪。泰西封，塔克凯斯拉(Taq-i Kisra)，伊拉克。

● 帕提亚人和萨桑王朝

在被亚历山大大帝征服后，阿契美尼德帝国在塞琉古一世（Seleucus I，公元前 305—前 281 年）的统治下被重组；阿契美尼德帝国被划分为若干小国，直到帕提亚人（Parthians，公元前 227—前 224 年）统治时期才重新统一。从艺术的角度讲，阿契美尼德建筑风格尽管被古希腊和古罗马调整了许多，但仍然确立了西方世界建筑的定义模式。萨桑王朝（Sassanid，224—642 年）在献给火神的寺庙和纪念性宫殿建筑中，复兴了阿契美尼德的传统。

帕提亚城市遗迹，公元前 1 世纪。哈特拉，伊拉克。

波斯波利斯

在覆盖波西斯〔Persis，现在伊朗的法尔斯（Fars）省〕北部广阔的平原上，离帕萨尔加德、波斯和阿契美尼德文化的中心不远的地方，大流士大帝建立了他的帝国的中心。就是在这里壮丽的波斯波利斯（Persepolis）皇宫迎接了前来向"王中之王"表达敬意的外交和军事使团。大流士和他的继任者都葬在位于现在伊朗的纳什伊拉斯塔姆（Naqsh-i Rustam）的石头墓室中。

遗址景象。波斯波利斯，塔赫特贾姆希德，伊朗。

● 建筑物

　　一个壮丽的巨大工程在不到一个世纪的时间内（公元前 6—前 5 世纪）完成，波斯波利斯这个伟大的建筑群在大流士大帝的监督下建造，而现在正处于无法挽回的衰败中。

　　人工高台大约有 12 米高，30 米宽，半公里长。国王并未在生前看到它的竣工，而他的儿子，泽克西斯一世（Xerxes Ⅰ，又译"薛西斯"）监督了最后的细节。其间布置了双坡道的台阶，踏步由石块雕凿而成。在它的前面矗立着泽克西斯门（或者称为万国之门），设计上是方形的，有四根室内的柱子和四个石头长椅。门里的三条通道都用吉祥的图案亚玛苏（Iamassu）装饰，那是神话中的形象（人首翼牛像）保护着门道，防止恶灵的进入（见《认识建筑》第 111 页）。

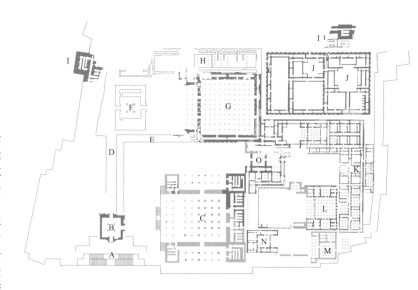

波斯波利斯平面（保存下来的建筑用红线圈出）。

A. 入口大阶梯
B. 泽克西斯之门，或者称为万国之门
C. 阿帕达纳厅，或者称为接见厅
D. 军队大道
E. 两个院子间的隔墙
F. 未完成大门

G. 王座室，或者称为大流士百柱厅
H. 皇家马厩
I. 要塞
J. 皇家国库
K. 仓库
L. 泽克西斯宫殿
M. 宫殿
N. 大流士一世宫殿
O. 三门厅的入口

人首翼牛守卫着泽克西斯之门，或者称为万国之门。波斯波利斯，塔赫特贾姆希德，伊朗。

入口面向西方，而出口开在东面，有一条路从那里通向百柱厅；南面开门通向阿帕达纳厅（apadana），那是一个抬高的、三面有复式门廊的多柱式的大厅，被用作皇家接见厅。

建筑群包括一些用来服务于国王和他的显贵们的房间，在这些房间中有一个三门厅，这个小厅的名字源自于它有三个门，也许是用作国王顾问们的会议室。在三门厅的右侧，一道长墙沿着所谓的军队大道，通向一个未完工的建筑，在那里参观者等候内廷司仪官的通告去见国王。巨大的建筑群也作为皇家住宅使用。在其内的两个区域是留给国王自己的：大流士和泽克西斯的宫殿。

大流士的宫殿，在地平面以上有2.5米高，以一个12根柱子支撑的多柱式大厅为中心。在它周围的其他房间，外墙、入口门廊、楣梁和窗都保留至今。泽克西斯宫殿按照一个类似的平面建造，边上也紧挨着后宫。

国王的财宝和阿契美尼德王朝流传下来的物质遗产都保存在东南部分。

这个权力大本营的中枢是百柱厅（或者叫王座室），装饰的全是描绘国王威仪的场面；而接见厅（在前面提到的阿帕达纳厅）是被统治的28个民族使者以纳贡表达他们对君主敬意的场所。

百柱厅遗址。波斯波利斯，塔赫特贾姆希德，伊朗。

大流士一世之火的神庙祭坛，公元前521—前486年。纳什伊拉斯塔姆，波斯波利斯，伊朗。

崇拜火神，火神被看作生命之源和至高无上的阿胡拉·马兹达（Ahura Mazda，"智慧之主"）的映射，波斯人建立起了方形底座的塔形神庙，与乌拉尔坦（Urartaeans）的那些神庙相似。

克里特和迈锡尼

保存谷物的地下圆形
筒仓，公元前 2000—
前 1450 年。马利亚，
克里特岛，希腊。

连续性和二元论都反映在这两个爱
琴文明中。如前文所述（见《认识建筑》
第 112—113 页），东地中海的克里特岛
上的古代米诺斯（Minoan）文明，被认
为是伯罗奔尼撒半岛上的迈锡尼文明的
一个重要的先驱，尽管两个文明有不同
的特征。从公元前 15 世纪到前 13 世纪，
迈锡尼的统治扩展到克里特。米诺斯的文
明比它的征服者的文明持续更久，征服者
从米诺斯文明中学到了包括金器、珠宝和
绘画在内的多种新技术。

考古挖掘现场。克诺
索斯，克里特岛，希腊。

装饰性陶片，反映
了米诺斯住宅的立
面，公元前 1700—前
1600 年。伊拉克利翁
考古博物馆，克里特
岛，希腊。

这些只有 2.5—5 厘米
高的陶片，反映了几
层高的米诺斯住宅呈
现出设计上的多样性。

● 克里特的米诺斯文明

克里特文化的演变可以追溯到新石
器时代的末期（公元前 2900 年）到青铜
时代晚期（公元前 1200 年），在公元前
2000 到前 1500 年间达到顶峰，形成了
一种所谓的"王宫"文化。以一种宏大的
建筑综合体，形成城邦的中心，就像荷马
在《伊利亚特》（十三卷，450ff.）中所
提到的。形容词"米诺斯的"是英国考
古学家阿瑟·埃文思（Arthur Evans）确立
的，他在 1900 年开始的发掘中发现了克
诺索斯王宫。埃文思用这个词来形容神话
中的米诺斯王和他迷宫似的王宫，这个王
宫相传是由戴达鲁斯（Daedalus）建造
的，他现在被尊为古代的第一个伟大的建
筑师。除了散布全岛的巨大的王宫综合体
〔最重要的包括在马利亚（Malia）、费斯
托斯（Phastos）、扎克罗斯（Zakros）

和哥提恩（Gortyn）的王宫〕之外，米诺
斯建筑也包括一些不那么宏伟的建筑，包
括一些独立的住宅，这些住宅虽然为数很
少，但还是发现了一些重要的线索。最古
老的是晚期石器时代在扎克罗斯的住宅，
建筑平面呈奇特的 G 形，像一个微型的
迷宫。米诺斯居住建筑中所运用的一些立
面感觉和丰富的色彩和装饰可以通过一
种陶片获得，在克诺索斯王宫的"重要地
穴"（basement of weights）附近发现了
这种陶片。通过陶质的模型和岛上一系列
发掘中找到的证据，可以推测出房间的分
布和形体比例。残存的一些有着非常现代
的节点的陶质的管道也可以表明克里特
建筑发展的水平。

城堡内部的 A 圈皇家墓地，公元前 13 世纪。迈锡尼，伯罗奔尼撒，希腊。

● 迈锡尼文明

迈锡尼文明是以它最重要的城市——迈锡尼来命名的，这座城市是希腊的古代首都，也是《伊利亚特》记载的带领爱琴军队打败特洛伊人的伟大国王阿伽门农（Agamemnon）的故乡。古代文献作者没有谁用这个名字来称呼迈锡尼人，荷马称他们为亚加亚人（Achaens）、达奈人（Danii）或者阿尔戈斯人（Argives）；希腊人对他们起源的认识仅仅来自于传说，大部分不可靠。1876 年，借助于一个古典历史的狂热爱好者——德国考古学家海因里希·施利曼（Heinrich Schliemann）的研究和田野考察，揭示了荷马史诗的真实性。在仅仅 11 星期的发掘中，施利曼和他的团队发现了王家墓穴以及墓穴中精彩的物品，据现在所知，这些物品的年代始自特洛伊战争之前至少 300 年的朝代。在施莱曼的发掘至今的一百多年里，又有许许多多关于这个伟大文明的资料被发现。比如，现在我们知道这个文明从希腊大陆一直传播到爱琴海的众多岛屿，甚至直到地中海中心以东的海岸。

● 金色迈锡尼

被荷马称为"金色迈锡尼"的古城，矗立在伯罗奔尼撒半岛东部阿哥斯平原边缘的山上。被巨大的城墙环绕的卫城耸立在山顶上，比平原高出 278 米（见《认识建筑》第 113 页平面图）。另一个独立于山顶的城市是"铜墙铁壁的蒂尔城"（Tyrins），这座城市用巨大的多边形石块在城墙里砌筑了隧道的网络。

和米诺斯的王宫不同，迈锡尼的王宫是由城墙围着的。它是一个真正的城堡，只能从纪念性的城门进入，这些城门有一个保存下来，这就是著名的狮子门，装饰着两只母狮面对面图案的浮雕（见《认识建筑》第 32 页）。山顶正中矗立着王宫，正中是中央大厅：一以火炉为中心的房间，由四根柱子支撑，前面有入口前庭和门廊。虽然尺度小了很多，但这个结构所起的作用和米诺斯王宫的中央庭院是一样的。

迈锡尼的圆形墓穴，包括一个圆形的墓室并通过一个长走道进入，这和克里特的墓穴也相差无几。两者都施行葬礼来埋葬，不过在迈锡尼发现的一些圆形墓穴，被施利曼错误地宣称是埋葬阿伽门农及其后继者的场所。

迈锡尼圆形墓穴的剖面和平面布局（出自威廉·泰勒，《迈锡尼人》，佛罗伦萨，1987 年）。

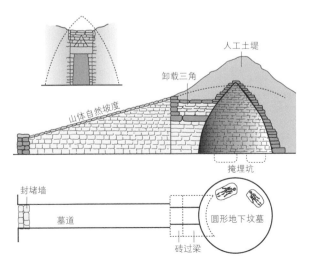

人工土堤

卸载三角

山体自然坡度

掩埋坑

封堵墙

墓道

圆形地下坟墓

砖过梁

圆形墓穴拱顶细部，据说是阿特柔斯（希腊传说中迈锡尼国王）的藏宝地，公元前 13 世纪。迈锡尼，伯罗奔尼撒，希腊。

伊特鲁里亚

伊特鲁里亚人（Etruria）是古代拥有最丰富文化的民族之一，他们的起源到现在还不能够确定。这些人从哪里来？他们是意大利半岛的原住民，还是在一个移民潮中来到这里？第一个提出这些问题的是公元前1世纪的哈利卡纳苏斯的狄奥尼修斯（Dionysius of Halicarnassus），他撰写了一部包括之前所有理论的著作〔《罗马遗迹》（Roma Antiquities）第29到30篇〕。今天仍有各种假定，包括他们是本地原住民，或者他们可能从北部移民（古意大利）而来，甚至还有一种假设，即他们有可能来自小亚细亚。

房子形石灰石葬瓮。国家考古博物馆〔出自丘西（Chiusi）〕，佛罗伦萨，意大利。

瓮看上去像一个缩小的希腊化（Hellenistic）时代的贵族宫殿，由柱子和伊奥利亚（Aeolic）柱头以及一个凉廊，一个乡村式的长椅装饰。

盾室和椅室墓室的室内，公元前6世纪中期。切维特利，拉齐奥，意大利。

伊特鲁里亚的贝尔维德尔（Belvedere）神庙，公元前4世纪。奥尔维耶托，意大利。

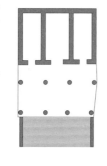

贝尔维德尔神庙平面复原图。奥尔维耶托，意大利。

一个标准的"拱顶墓室"，公元前620—前600年。国家考古博物馆，佛罗伦萨，意大利。

屋顶不是一个真正的穹顶，而是由同心排列的同心环布置的软石砌成的假穹顶，上面盖了一块厚板。一根位于中心的柱子提供了支撑。墓于1898年被发现，运到佛罗伦萨，并且在考古博物馆的花园里重建。

伊特鲁里亚人将自己的文化带到了意大利海岸地区，他们称自己为雷森纳人（Rasenna），古希腊人称他们为逖圣人（Tyrsenoi，来自第勒尼安海）。他们的文明可能发生了交迭，或者可能是在原有的文明之后。维朗诺瓦（Villanovan）这个名称来自于在艾米利亚省的考古地址（公元前9世纪—前8世纪），在那里找到了大墓地，死者在那里被焚化并且骨灰被保存在骨灰瓮里，这是伊特鲁里亚的一个常见习俗。在公元前8世纪，伊特鲁里亚的城市建立了。在接下来的一个世纪里，伊特鲁里亚的范围从坎帕尼亚（Campagna）海岸区扩张到波河（Po）河谷南部。从塔奎尼乌斯·普里斯库斯（Tarquinius Priscus）国王（公元前607年）、塞尔维乌斯·图里乌斯（Servius Tullius）国王（公元前578年）到公元前509年被逐出罗马城的塔奎尼乌斯·苏佩布（Tarquinius Superbus）国王时期，罗马自己也在伊特鲁里亚的控制之下。接下来的那些年充满了冲突与战略结盟，与罗马在公元前351年休战时达到顶峰。在第二次布匿（Punic，罗马人对迦太基人的称谓）战争中他们徒劳地尝试削弱强大的罗马，但是最后伊特鲁里亚被迫为罗马在它对迦太基（Carthage）的战争中筹措资金，直到公元前27年，伊特鲁里亚被正式吞并，成为第七属国。

● 建筑特性

最古老的伊特鲁里亚住宅一定与他们小屋形状的骨灰瓮相似，有一个坡屋顶和圆形平面（后来变为长方形平面）。除了拱之外，伊特鲁里亚建筑的一个独有特征是墩座神庙，前面楼梯段伸至入口。这通向门廊（Pronaos），从那里开口通向三个邻近的小室。这确定了意大利神庙的基本类型，后来被罗马人和其他意大利半岛的民族采用。这些建筑的宽大的坡屋顶没有真正的山墙装饰，有时由装饰瓦（屋檐雕刻）装饰。另一个伊特鲁里亚建筑的典型类型是大墓地，在今天的托斯卡纳南部和上拉丁姆（Latium，即拉齐奥）的大致版图范围内发现了很多。这些墓室有假拱型（被称为"拱顶墓室"）的、垛型的或者是小室型的，后者常常装饰得富丽堂皇。

蛇发女怪的赤陶装饰屋瓦，公元前6世纪末期到5世纪。朱利亚庄园国家考古博物馆〔出自韦欧，波尔通纳乔神庙〕，罗马，意大利。

这些构件用来装饰末端的屋顶瓦片，或者用来装饰没有其他装饰物的山墙的底部。尽管装饰屋瓦是由希腊人引人的，伊特鲁里亚的使用方式却是非常独特的。

铜薄板的骨灰瓮，有主题浮雕装饰，呈小屋形状，公元前8世纪上半叶。朱利亚别墅国家考古博物馆〔出自维尔齐，奥特利亚（Osteria）大墓场〕，罗马，意大利。

圆形的墓的形式在由部落组成古代式社会是标准的。

屋形红黏土骨灰瓮，公元前650年—前625年。朱利亚庄园国家考古博物馆〔出自切维特利（Cerveteri），拉齐奥〕，罗马，意大利。

赛马主题的陶土壁檐，公元前6世纪。考古博物馆（出自莫罗），锡耶纳，意大利。

作为近几十年最重要的发现之一，一个贵族宫殿或者也许是一个圣所的遗迹于1977年在锡耶纳南部的小镇莫罗被发现。在壁檐和其他雕刻构件上的装饰质量极高，标志着这里一定曾是个有极高声望的地方。

古代世界七大奇迹

在地中海盆地和小亚细亚的古人曾创造了建筑学上的惊人之作，使他们的同代人感到惊奇。我们能够通过地理学者和旅行家的记录了解这些建筑（特别是在公元前1世纪到公元1世纪之间）。其中特别有七个已经随着时间的流逝变成了传说中的奇迹。除了金字塔，这些"古代世界的奇迹"只能通过希罗多德（Herodotus）、斯特拉博（Strabo）、狄奥多罗斯·西古流斯（Diodorus Siculus）、库尔提乌斯·鲁夫斯（Curtius Rufus）和普林尼（Pliny）的记载中得知，他们描写了令人敬畏的巴比伦空中花园，罗得岛巨像，位于奥林匹亚的雕刻家菲迪亚斯用象牙和黄金雕塑的巨大的宙斯像，哈利卡纳苏斯的摩索拉斯陵墓，以弗所的阿尔特弥斯神庙和亚历山大的灯塔。

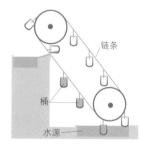

空中花园所用的灌溉系统的复原图。

这个复原图以古代的记载为基础，这些记载提到过一个能够把水从低处抽取并送到花园平台的装置，花园平台还放置着蓄水用的水箱。

巴比伦空中花园的复原图，背景是巴别塔。

在1899年，德国考古学家罗伯特·科尔德韦（Robert Koldewey）在巴比伦的基地上发掘了一系列不同寻常的出土文物。在14年的时间里，他发现了巴别塔的基础、尼布甲尼撒的宫殿和通向城市中心的用于游行的大道。然而，空中花园的准确位置还有待确定，因为科尔德韦挖掘的南面的剩余部分，看起来符合古代的记载，但位置离河非常远，以至很难灌溉。更近的研究（1986年）看来指向一个靠近北部宫殿的位置，在环形城墙以外。但是这个古代世界的奇迹仍然蒙着神秘的面纱。

● 巴比伦的空中花园

空中花园位于幼发拉底河东岸。令人好奇的是，希罗多德对巴比伦做了详细描写（公元前450年），却没有提及这个古代奇迹，而狄奥多罗斯、斯特拉博和库尔提乌斯都对空中花园做了记载。这个壮观的花园是出自神话中的尼努斯国王的妻子塞玛拉米斯（Semiramis）的构思，据说她建立了巴比伦并且在她丈夫死后统治了亚述42年之久。传说她的形象也许是从另一真实存在的女性身上得到启发，就是亚述皇后撒穆拉麦特〔Samurramat，亚述国王沙姆希阿达德（Shamshi-Adad）的妻子〕，她在丈夫死后为其幼子阿达德尼拉三世（Adadnirari Ⅲ）摄政，于公元前810年到前805年统治亚述。无论如何，在尼布甲尼撒二世时期，他从公元前605年起统治了43年，巴比伦的来访者都为它的壮观而大为惊叹。还有一些说法认为是尼布甲尼撒为他的王妃安美依迪斯（Amyitis）——米堤亚国王的女儿，

因想念家乡米堤亚的绿草地患上思乡病而建造了空中花园。花园是独一无二的，它并不是建在地面上，而是在一系列的平台上。平台用石头作为基底，铺上沥青做防水，在上面盖上厚到可以种上大树的土壤层（库尔提乌斯提到了15米华盖的直径4米的大树）。平台由限定了花园边界的结构作为支撑和围护。有一种独创的系统用来排干或加注主要来自于幼发拉底河的灌溉用水，因为在美索不达米亚地区降雨稀少。乌尔城采用了一个类似但是更加简单的方法，住宅的平屋顶上覆盖一层土壤，在上面可以耕种小型的蔬菜花园。

● 以弗所的阿尔忒弥斯神庙

在以弗所（Ephesos，今天的土耳其），献给狩猎之神阿尔忒弥斯的第一个神庙可以追溯到公元前6世纪，它在公元前356年被一个名叫赫罗斯特拉图斯（Herostratus）的疯子烧成一片焦土，而

以弗所（土耳其）的阿尔忒弥斯神庙遗迹，1890 年的照片。背景是山上的另一些古纪念建筑和一个城堡。

他的用意仅仅是想青史留名。这座建筑物后来由建筑师切尔西弗隆（Chersiphron）重建，他保留了原来基地上的 127 根可以辨认出基础的柱子，其中 36 根由伟大的斯科帕斯（Scopas）雕刻。普林尼在他的《自然史》（Naturalis Historia，第三十六篇，93 行）提到了这一点。

● 哈利卡纳苏斯的摩索拉斯陵墓

摩索拉斯（Mausolus）是小亚细亚的卡里亚（Caria）王国的国王，在公元前 377 年到前 353 年统治希腊的殖民地。他雄心勃勃地想要建造一个与他的地位相符的陵墓，并且在生前便开始建造。显然，他的王后阿特米西娅（Artemisia）在他死后不久将陵墓完成，成果超出了所有的预期。普林尼极其详细地记载了陵墓的细节，并相信它是世界七大奇迹之一。直到今天英文的"陵墓"（mausoleum）这个词还是用来指特别庄严和壮丽的墓地。维特鲁威认为大的结构是由皮修斯（Pythius）设计的，陵墓顶部摩索拉斯和阿特米西娅架马车的雕像也是他的作品。考古发现部分地证实了〔其中最早的是由英国考古学家查尔斯·牛顿（Charles T. Newton）在 1856 年进行的〕普林尼的记载，尽管对于陵墓的原貌有疑问，但是几乎可以肯定是大理石建造的。在 18 世纪，奥地利建筑师与学者约瑟夫·埃马努埃尔·菲舍尔·冯·埃拉赫（Joseph Emanuel Fischer von Erlach）根据普林尼的信息做了一个复原图，后来还有过不同的尝试。

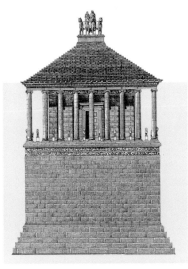

哈利卡纳苏斯的摩索拉斯陵墓复原图。

在大约公元前 4 世纪中期建造，摩索拉斯陵墓曾被 12 世纪的一次地震严重破坏，并且从 1402 年起被用作大理石采石场。根据克里琛（Krischen）的复原图，纪念物坐落在 22 米高的台座上，下面还有层叠的基座。台座上有一个 13 米高的爱奥尼柱廊，侧面有 9 根柱子，正面和后面 11 根柱子。在柱廊上面是一个 7 米高的阶梯式金字塔顶冠，顶上有一辆四驾马车雕塑。陵墓的比例系统建立在一个多层基座和半立方体的基础上。在外面，就如普林尼所描述的，有亚马逊战士浮雕装饰。据说在东侧的浮雕是由斯科帕斯雕刻，对面的是利奥查勒斯（Leochares）的作品，另外两侧是由布莱亚克西斯（Bryaxis）和提摩修斯（Timotheus）雕刻的。

摩索拉斯像，公元前 359 年。大英博物馆（出自哈利卡纳苏斯的陵墓），伦敦，英国。

差不多 50 米高的陵寝矗立在一个包括台座的基座上，由爱奥尼式柱子围绕，在其上安置着棺木。

希腊与罗马：
建筑风格比较

在当时人的印象里，罗马的历史与希腊的历史相比，好像是无足轻重的：当整个希腊在公元前146年被罗马吞并，根据传统，战神罗慕卢斯（Romulus）用犁划出了城市的边境才刚超过600年。

罗马人在实行他们的统治时无疑敏锐地了解到这点。根据学者波尔奇乌斯·里奇尼乌斯（Porcius Licinius）的说法，希腊以他们的文化与艺术为武器使罗马屈服，甚至比罗马以权力征服希腊来得更快。换句话说，罗马文明在文化上是依靠希腊文明的，并且使希腊文明和平地统治了地中海世界。矛盾的是，罗马的政治力量好像变成了优秀的"扩音器"，将希腊思想的声音在世界上放大。希腊文化的传播，以及与当地特色的融合，奠定了后来被认为是西方文明的基础。但这并不是说罗马文化是一个缺乏起源的文化，建筑尤其如此，罗马的务实精神精彩地表现在建筑方面。

民主议会厅的遗迹，公元前4世纪。普里内，卡里亚，土耳其。

卡里亚的古城普里内的城市规划采用规则的"正方形网格"布置，与小亚细亚的其他希腊城市相似。古城在公元前4世纪中期前后重建在一座约395米高的山峰的斜坡上，以避免受敏德河（Meander）泛滥的影响。它有着与其他小亚细亚城市类似的（第50页）议会厅建筑，有多排的长椅，之间被沿对角线展开的过道分开，演说者发言的讲坛布置在中心位置。

希腊剧场的景象，公元前2世纪。米利都，土耳其。

米利都剧场是小亚细亚最大的剧场建筑之一，可以容纳15 000名观众，三面由柱廊围绕。

● 希腊建筑特征

希腊人在建筑领域里扮演的角色主要是建立了建筑柱式（见《认识建筑》第114—115页）；巩固了古埃及就已经存在了的围柱式神庙的类型（见《认识建筑》第46页）；并且在为城市广场制定法规的过程中，使建筑类型在市民功能的基础上多样化——从民主政府的议会厅建筑到公众娱乐和宣泄的剧院建筑。所有这些建筑都坚持了一个概念，即希腊精神和西方古典传统的特征，强调符合理性和逻辑的和谐。这成为希腊城市建筑，以及更小尺度的私人住宅设计的生发的原则。

● 罗马建筑特征

希腊建筑的精华部分看来被罗马人完全消化吸收了，此外，罗马人又加上了只有在他们那种特定的政治和经济结构下才能提供的巨大资源和解决方案。

由于意大利建筑的贡献，罗马建筑进一步提高了；其中值得注意的就是拱，这项从伊特鲁里亚人那里学来的技术，不仅仅用于建筑和装饰，也用于纪念用途。就像希腊化文化中用纪念性建筑物来表达财富和荣誉一样，罗马通过在帝国的各处建造凯旋门来彰显它的权威和声望。流入罗马的巨大财富又帮助建造了奢侈的私人别墅，其中一些像小型城市一样广阔。罗马的理性精神不仅在他们的城市规划中，也在他们的军事建筑中显露出来。例如营寨，它们的结构甚至成为很多奢华的宫殿的设计灵感。

奥古斯都拱门，公元前24年。奥斯塔，意大利。

在哈德良离宫的装饰性水池，118—134年。蒂沃利，罗马，意大利。

哈德良皇帝的离宫有许多由过道联系起来的房间、热水浴池、女神的纪念碑，以及奴隶住所。他也将在旅行途中见到的帝国最重要的纪念物的复制品安置在离宫内。

位于克罗地亚的斯普利特（Split）的戴克里先皇帝（Diocletian）的宫殿模型。

宫殿的平面布置和罗马军营相似，有两条主路垂直相交。戴克里先皇帝在305年退位后开始住在这里，直到他在316年去世。这座俯瞰大海、由城墙围绕的宫殿，是中世纪城堡的先驱。

卫城在约公元前 400
年时的模拟模型。

雅典卫城

雅典的制高点是一座近 150 米高的石山，其上的卫城是人类历史上最非凡的成就之一。那里在新石器时期（公元前 2000 年）便有人居住，公元前 13 世纪时，迈锡尼王子选择了这个地方作为他的住所。在奉献给雅典娜的卫城的众多神庙中，最古老的一座可以追溯到僭主庇西特拉图（Pisistratus，公元前 561—前 527 年）时期，它被称为百尺神庙，因为它有 30 米长，后被克利斯提尼的（Cleisthenes）神庙（公元前 508 年）代替。卫城在对抗波斯人的战争中曾被两次烧毁（公元前 480 和前 479 年）。它的城墙在两次焚毁后都被重建，起初是由地米斯托克利（Themistocles）主持，后来由西蒙（Cymon）主持。但事实上，是伯里克利（Pericles，约公元前 460—前 429 年）这位雅典人的政治领袖和非凡的艺术和智慧繁荣的创造者，赋予了这个地方至高无上的美丽。这也是一次政治和个人权威的演练和展示，并借此表达了雅典在文化上高居于世界其他国家之上的断言。在伯里克利之后，就再没有一个人敢于改变这个地方的美丽。

● 纪念物

在伯里克利政府的统治下，从公元前 447 年到前 432 年，献给雅典娜的旧神庙被建筑师伊克蒂诺（Iktinos）和卡利克拉特（Kallikrates）设计的帕提农神庙所取代。进入卫城的地方被新的山门（关卡）拦住，这个概念来自于建筑师姆奈西克里（Mnesicles，公元前 432 年）。10 年后伊瑞克提翁神庙建成。然后是公元前 421 年到前 406 年卡利克拉特设计的雅典娜胜利神庙。在伊瑞克提翁神庙附近，在为女神工作的处女住所中，一群雅典处女为神圣的面纱工作一整年，这是每四年一次的泛雅典娜节庆典里供奉给神的披风。在卫城的中心矗立着巨大的雅典娜戎装雕像，根据帕萨尼亚斯（Pausanias）的描述，

她长矛的顶端是一航海者的陆标。

● 帕提农神庙

由潘泰列克（Pentelic）大理石建造的陶立克柱式的帕提农神庙是已知的古代神庙中最大的一座。作为一座八柱式的围柱式建筑（正面有 8 根柱子，侧面有 17 根），它在剖面上符合黄金分割比例。受时间流逝和 17 世纪威尼斯人和土耳其的战争共同的影响，它已经破败成今天我们看到的样子。它的两面山墙曾经由菲迪亚斯（Phidias）按照当时的习惯雕刻了高浮雕装饰，并饰以浓艳华丽色彩。著名的浮雕现在保存在伦敦的大英博物馆，而室内的檐壁则留在原来的位置。

雅典卫城。

山门，公元前 437—前 432 年。卫城，雅典，希腊。

从山门看卫城，右侧为雅典娜胜利神庙，公元前
421—前 408 年。雅典，希腊。

帕提农神庙，公元前 447—前 432 年。卫城，雅典，
希腊。

● 山门

　　山门是通向卫城的纪念性入口。建筑的中心部分曾有六根多立克柱子装饰。在柱子后面有一面墙，上面开有五扇门，通向两个前厅。较大的是西厅，有三个中厅，中间的中厅通向一个用来存放重要的绘画作品的陈列室。

● 伊瑞克提翁神庙

　　伊瑞克提翁神庙因它的女像柱廊而闻名于世（见《认识建筑》第 33 页），它是用来贡奉两位神灵的：一边是雅典市民神庙，在另一边是波塞顿·伊瑞克提翁（Poseidon Erechtheum）的神庙。

● 雅典娜胜利神庙

　　这座神庙前面和后面各有四根柱子（四柱式），而两侧没有（前后两排柱而两侧没有柱的建筑）。它很可能是为了纪念在希腊人对波斯人的普拉特战役（Pltea，公元前 479 年）中获胜而建造的。

罗马广场

罗马广场。

在罗马帝国其他行省的城市里，"forum"与希腊的"agora"具有相同的功能，由公共建筑、宗教建筑和公共广场构成。而罗马广场却是另一番景象，它位居帕拉蒂诺山（Palatine）、卡匹托山（Capitoline）和科里安山（Coelian）之间宽阔谷地上，东北面又被艾斯奎林山（Esquiline）所限定，几个世纪以来，各个皇帝的建造让其上密布神庙、纪念碑和广场。最早的建筑始于青铜时代（公元前1500年），建造在一个牲口集市，同时验证了一个古老传说的历史真实性：据说，大力神赫拉克勒斯（Hercules）在屠杀了喷火龙卡克斯（Cacus）后，就在这里建立了大祭坛（Ara Maxima）。在这个古代广场里，日后建造了献给命运女神和女神玛图塔（Mater Matuta）的神庙。

- 维纳斯神庙
- 马克森提乌斯集会堂
- 圣火贞女之家
- 安东尼努斯与法福斯提娜神庙
- 艾米利亚集会堂
- 卡斯托与波路斯神
- 元老院
- 广场
- 朱利亚集会堂
- 农神殿
- 协和神庙

罗马广场平面图

● 古代广场

广场，作为古罗马的神经中枢，几乎和城市本身一样古老。尤利乌斯·恺撒在法萨卢斯（Pharsalus）战役（公元前48年）之前就立下誓言，如果能够得胜，他将建一座庙宇献给维纳斯女神，广场计划就此成形。两年后，恺撒不得不花高价在旧广场边上买下一块土地。几个世纪过去，广场格局几乎没有变化。在这里矗立着对于罗马历史至关重要的一系列纪念性建筑物：从元老院（见《认识建筑》第50页）到农神殿（Satum）、卡斯托与波路斯的神庙（Castor and Pollux），后两座都是古意大利高台基座式（见《认识建筑》第217页）的建筑。那里还有两座集会堂（巴西利卡）眺望着圣路（Via Sacra）：艾米利亚（Emilia）集会堂（始建于公元前179年，后被大火摧毁，再后由奥古斯都重建）和朱利亚（Julia）集会堂，它们是对原来的塞姆普罗尼安（Sempronian）集会堂的重建，由尤利乌斯·恺撒于公元前55年建造。

● 帝国广场群

在恺撒时期，不仅建造了尤利安（Julian）家族的保护女神维纳斯的神庙，还建造了他自己的广场，以及一大批富丽堂皇的建筑。广场范围延伸到破烂不堪的贫民窟低等居住区南界。罗马的第一个皇帝奥古斯都建立了包括战神马尔斯（Avenging Mars）神庙在内的他自己的广场，与恺撒的广场相垂直。后来，在维斯巴西安（Vespasian）时期建造了和平广场（Forum of Peace，71—75年）和纳尔瓦（Nerva）广场，后者大约是由建筑师拉比里乌斯（Rabirius）设计的。这座长方形的广场在97年竣工，目前仅剩下一对科林斯式柱子，被称为"残破的柱子"（Colonnacce）。

● 图拉真广场

作为最后建造的广场（107—113年），它是帝国广场中最为壮观的一个。图拉真广场（Trajan）由大马士革的阿波罗多若斯（Apollodorus）设计，他还负责图

卡斯托与波路斯神庙剩下的三个柱子，公元前5—公元1世纪。罗马，意大利。

在公元前484年赢得了瑞吉路斯湖战役（Regillo）后，为了实现独裁者奥卢斯·波斯图米乌斯（Aulus Postumius）之子的诺言而建造了这座神庙。神庙在公元前117年重建，后又在公元6年被奥古斯都再次重建。

恺撒广场景观。

波里乌姆广场景观。

图拉真纪功柱的细部，101—108年。罗马，意大利。

图拉真纪功柱古代世界的佳作，27米高的柱子是用来纪念图拉真对达契亚人（Dacian）的胜利。在它上面雕了一条连续的、有近2500个人物的浮雕带。

拉真集市的平面布置（见《认识建筑》第72页）。这个广场包括一个超过100米长的公共广场，乌尔班（Ulpia）集会堂为它提供了一个优美的背景，集会堂南北侧的双层门廊将广场的南北两部分联系在一起。在集会堂边上是两座图书馆，它们之间矗立着图拉真纪功柱。这一系列建筑最后结束于一座围在敞廊中的图拉真神庙。在西边，马克森提乌斯与君士坦丁集会堂（Maxentius and Constantine）眺望着广场。在这个广场上的最后一个建筑是由拜占庭皇帝福卡斯（Phocas）建造的，他在608年建造了一根用来供奉的柱子。

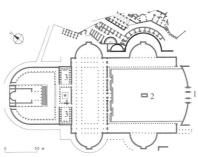

图拉真广场平面，107—113年。罗马，意大利。
1. 纪念拱门
2. 图拉真骑马像
3. 图书馆
4. 图拉真纪功柱

输水道

罗马文明曾经被用很多方式定义过，其中有一种称之为"水的文明"。在没有电力或者内燃机的时代，仅靠畜力和纯粹人的体力，如何向城市提供用水，在古时候是一个非常紧迫的问题。最后，这个问题被转为如何让水自己发挥力量并且利用保持压力来持续发挥作用。另一个需要被解决的问题是让水远离污染源，使之保持干净达到饮用的标准。

在很多古文明中都有不同的复杂并且精确的水源分配网络，例如亚述—巴比伦，米诺斯—迈锡尼，以及希腊。但是，是罗马人有效地解决了供水问题的关键部分。

古罗马模型中尼禄输水道的细节。罗马文明博物馆，罗马，意大利。

输水道在 46 年修复。注意在不同的接合处拱廊的高度不同，这是为不用的需要和目的而设计的。

罗马输水道，约公元前 20 年。加尔桥，尼姆，法国。

奥古斯都的女婿阿格里帕决定建造这座宏伟的输水道。建筑物延伸约 48 公里长，从乌兹 (Uzes) 到尼姆，在罗讷河 (Rhone) 的支流加尔河上 50 米处跨过，那个地区还散布着其他罗马建筑物的遗迹。

● 输水道如何工作

将流水提高到高架水道而不是在地表或者地下管道，这项发明被认为是古罗马人所为。输水道中的水沿着拱桥流淌，拱桥可以达到数种不同高度，这取决于它经过的是山脉还是峡谷。

这种系统的第一个好处是使水能够轻易地通过山脉、峡谷和崎岖不平的地面；其次是它能够赋予水更多重力，罗马的工程师们已经能够熟练利用这种力量，来把水分配和运输到最终的目的地；第三个好处则是通过避免渗透或者沟渠被意外破坏，来保持水的清洁。

因此，水从源头可以清洁地流过很长的距离，这得益于层层倾斜的结构，并且

克劳迪雅输水道，38—52 年。罗马，意大利。

罗马输水道。恺撒里亚，巴勒斯坦。

罗马输水道，约 110 年。塞哥维亚，西班牙。

这座壮观的输水道是在图拉真皇帝的建议下修建的。

通过增压管，让水升到更高的地方。早在罗马帝国时期，位于输水道两端的大型净化水池就已经被用来提高水的质量。

水从净化水池中被导入一个被称为水堡（Castellum）的分配水池，水从那里进入管网并被送到布满全城的喷泉、公共水槽和浴场。

● **为水而建的建筑**

输水道是真正的、精细的、为运输水而设计的工程建筑物。早在罗马时代，20 世纪理性主义的精髓——"形式追随功能"，就已经被付诸实施。

在这些古代世界的建筑中，最著名的是罗马城的尼禄输水道，可以追溯到克劳迪雅皇帝（Claudius）统治时期，将水直接输送到帕拉蒂诺山上的帝王栖息地。今天，尼禄输水道的痕迹仍然留在斯塔提里亚大道（Via Statilia）附近的市中心。

另外一个重要的输水道将水从西姆皮诺（Ciampino）的天然温泉引出，就建在城郊，并运到阿庇亚大道附近的昆提利（Quintili）家族（180—192 年）的别墅中。

其他类似的非凡工程建造在帝国偏远的省份，从西班牙到法国，一直到遥远的巴勒斯坦。

在这些留存至今的古输水道中，令人印象特别深刻的是离法国南部的尼姆河不远的多层的加尔桥（Pont-du-Gard）。

还有一个壮观的例子是塞哥维亚（Segovia）的输水道，坐落在西班牙中部的瓜达拉马（Guadarrama）山脉的斜坡上，具有两种柱式的巨大柱廊。

大型圣所

散布在地中海盆地中东部地区的纪念性圣所遗迹，对希腊—罗马文化圈的形成发挥了重要作用。事实上，凝聚这两种文化的一个原因是有着一个共同的宗教。罗马人在他们的剧烈扩张之后，继续崇拜希腊的万神，尽管一些祭祀仪式和捐赠品有所改变，而且建造了大量的神庙献给奥林匹斯天堂众神。

赫拉天后圣地遗迹，公元前 6 世纪。萨摩斯岛，希腊。

赫拉天后的神庙曾被建造和翻修数次。赫拉神庙同时有一个外部柱廊和一个内部柱廊，内部柱廊在小室里，小室能够看到后方赫拉天后雕像树立处。

从卫城看东方神庙，公元前 6—前 5 世纪。塞利努斯，意大利。

由从墨伽拉（Megara）来的希腊人在约公元前 4 世纪中期建造，这座位于塞利努斯的西西里人（Sicilian）的城市发展并繁荣，一直到它被迦太基人征服。迦太基于公元前 409 年摧毁了这里。居住场所位于北部高地，而布满神庙的圣所区域坐落在卫城和东北地区。这些建筑供奉着现已不为人熟知的神祇。

● 希腊圣所

圣所原来是一个神圣的区域，有时位置距离市中心很远，例如在帕埃斯图姆（Paestum）、阿格里真托（Agrigento）和在大希腊（Magna Graecia，意大利南部海岸）的塞利努斯（Selinus）。赫拉神庙（Hera）是地中海盆地最古老的纪念圣所建筑群之一，就在土耳其海岸以外的萨摩斯岛（Samos）上。这里所有的建筑（从公元前 8 世纪中叶开始到 6 世纪初被重建和修建）都呈现了自己的一套有机结构。进入古典时代，德尔斐（Delphi）和奥林匹斯（Olympus）的泛希腊化（pan-Hellenic）的神庙，更加准确地勾画出城堡圣所（citadel-sanctuary）这种形式。德尔斐很长时间被当作世界的中心，由于它的阿波罗神庙而呈现出超常的历史重要性，在那里，神示所能够预知未来。在公

阿波罗神庙遗迹，建于公元前 548 年后。德尔斐，希腊。

位于帕尔纳索斯（Parnassus）山的斜坡上，德尔斐在公元前 8 世纪已经因它的阿波罗神示所而闻名，能够预言未来的神示所在希腊政治史上有着强大的影响力。

乔武·安索尔圣所里石砌块建造的拱顶平台的遗迹，公元前1世纪。泰拉奇纳的圣安杰罗教堂，罗马，意大利。

这个圣所内的宗教建筑是建造在一个壮观的平台上的，位于具有重要战略位置的地方：佩斯科蒙塔诺山（Pesco Montano）脚下，壮观的圣安杰罗遗迹俯瞰着第勒尼安海。

弗尔图纳圣所神庙谈话间遗迹，约公元前80年建造。帕雷斯特利纳，罗马，意大利。

两个带爱奥尼柱柱廊的精致的谈话间，建造在圣所第三层的一个从山坡上升起高度达到200米的平台上。

弗尔图纳圣所复原图，
公元前2世纪—前1世纪。
1. 喷泉
2. 前坡道
3. "命运"圣坛
4. 回廊的平台
5. 穹隆的平台
6. 剧场与门廊
7. 神庙

元前548年的一场大火后重建时，神庙收到了全希腊城市送来的珍贵礼物，甚至外国王子也送来了他们的财宝，以确保神的庇护。从公元前6世纪开始，德尔斐也成为希腊的陆地住民联邦的聚会场所。这更加促进了神庙建筑的修建，神庙遍布整个社会。基于类似的理由，奥林匹亚的城市建筑和环境，包括它的宙斯神庙（公元前468年）和雕塑家菲迪亚斯用黄金和象牙雕刻的巨大雕像（古代世界七大奇迹之一），而成为了一座神圣的城市，在那里圣范围更加庞大。作为一种文化的有形的公众表达方式，德尔斐和奥林匹亚代表了统治地中海盆地长达千年时间的文化的一种具体的公众表达方式。

● 罗马圣所

从共和时期开始，罗马圣所产生的惊人的视觉冲击力对于现代人来说，就像巨型建筑带来的刺激。在离罗马不远的古

镇波内斯德〔Preneste，今天的帕莱斯特利纳（Palestrina）〕，有献给弗尔图纳的圣所（Fortuna Primigenia，建于在公元前2世纪末，一个世纪后重修）。原本设计是一个有着六个人工平台的结构，后来在15和17世纪科罗纳（Colonna）家族的重建工程中被改造。整个波内斯德建筑群或许是由一个或者几个帕加马学派（Pergamum school）的建筑师设计的，它不是让单体建筑控制全局，而是形成一个充分考虑高度的动力学和可塑性方面的整体构造。坡道式楼梯将人们引导向三层平台，那里设计成开敞的谈话间，结构与装饰的完美结合，使它成为独一无二的宗教建筑群范例。位于泰拉奇纳（Terracina）的乔武·安索尔圣所（Jove Anxur，公元前1世纪），在结构上与前者相比没有这么明显，后者有着类似的建筑细部，比如通到入口的双坡道梯段，但是设计得更加简洁。

乔武·安索尔圣所里用来支撑石砌块建造的平台的拱，公元前1世纪。泰拉奇纳的圣安杰罗教堂，罗马，意大利。

剧场与圆形剧场

从建筑学的观点出发，希腊与罗马的剧院的根本不同点在于前者的座位是建筑在天然斜坡上（有时座位由岩石本身凿刻而成），而罗马剧场的斜坡是人造结构形成的。由于这个差异，罗马人能够将他们的剧场建在几乎任何地方，而不用考虑天然的地形。但是就剧院的内部（cavea）而言，希腊和罗马的剧场建筑是非常相似的。

在《认识建筑》第 58 页的分析图里可以看到，内部结构包括一个中央场地，为合唱队设计的合唱队席，两侧有通向它的坡道以及在合唱队席后的舞台台口和舞台（skené）。

罗马人的伟大发明是圆形剧场（amphitheater，字面上的意思"两个剧场"），理论上说，圆形剧场是由两个半圆形剧场面对面相拼而成，形成了一个椭圆形的、由上下两层重叠的拱来支撑的结构。这种结构的发展是为了满足大量观众以及为宏大的娱乐形式——如角斗、海战（naumachie）和狩猎野生动物（venationes）提供场地的需求。

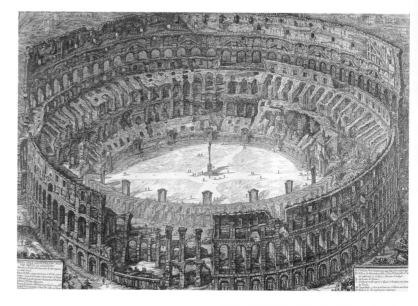

乔瓦·巴蒂斯塔·皮拉内西（Giovan Battista Piranesi），《大角斗场和十字车站》，1746—1750 年。卡萨那特塞图书馆（Biblioteca Casanatense），罗马，意大利。

几个世纪以来，大角斗场（公元 72—80 年）历经破坏、改建和抢劫。从中世纪到 18 世纪，在里面建造了住宅和十字车站；它甚至还一度被作为采石场使用。这幅皮拉内西的版画展示了这个古老的圆形剧场在 18 世纪时的样子。原本在地下的是用来供角斗士、野兽或舞台设备使用的小房间，走道和中央的服务区，容纳了升降机以及戏剧表演装置，现在都展现了出来。中间的竞技场被大约总长超过 3350 米的木板覆盖，中间有狭窄的开口和进出孔道，并被一层薄薄沙子覆盖。

现在的大角斗场内景。

罗马殖民地蒂斯德路斯（Thysdrus）的圆形剧场。公元 2—3 世纪。埃尔·杰姆（El-Djem），突尼斯。

● 大角斗场

杰出的罗马圆形剧场，为弗拉维（Flavian）圆形剧场，或许是因为它超大的尺寸，或许是因为它附近的尼禄雕像——一座巨像，而被称作大角斗场。这个著名的建筑外直径有 190 米，内直径也有 156 米，周长 530 米。据估计，大角斗场可以容纳 45000 个座席以及 5000个站位。维斯巴西安（Vespasian）皇帝于 71—72 年开始在原先尼禄的奥利亚宫（Aurea）人工湖所在的地方建造，80 年由提图斯（Titus）皇帝完成并举行竣工典礼。大角斗场为城市提供了一个永久的圆形剧场，贯彻了弗拉维（Flavian）皇帝的给人民"食物与娱乐"的政策，他以此来转移人民对于独裁统治者的注意力。

在外观上，大角斗场展现了具有三种柱式的柱廊；具有不同柱式的半柱和檐口立在柱上，（从下到上：多立克、爱奥尼和科林斯，见《认识建筑》第 89 页插

图）。建筑材料是石灰华〔字面意思是"蒂沃利的"（of Tivoli），一种多孔渗水的凝灰石〕，石块最初由铁筋固定在一起（在中世纪被拆走）。建筑有 80 个大门，编上号码，以便每个观众进入指定的区域。标在入场券或者门票上的号码让大家能够容易地找到阶梯观众席上的座位。按照保存下来的碑铭所记载，阶梯观众席分为五个区域（maeniana），不同的社会阶层用不同的区域：最下面的坐席保留给显赫的名流（senatores），而顶部的坐席是为普通百姓（clientes）设计的。地下设施由走廊和服务区域组成，包括用来抬升人和动物的升降机。为了使观众免受日晒的影响，观众席的座位上方能够被一块巨大的天幕或者叫凉棚遮盖起来。它被划分成几块，由 240 根从上檐口洞里伸出的杆子支撑。要移动它至少需要 100 个人，据说，米塞诺海角（Cape Miseno）军港的水手曾被雇佣来做这件事。

马塞卢斯（Marcellus）剧场模型，公元前 13—前 11 年。罗马文明博物馆，罗马，意大利。

由凝灰石建造而成，剧场是献给屋大维·奥古斯都之侄马库斯·克劳迪尼斯·马塞卢斯（Marcus Claudius Marcellus）的，能够容纳 15 000 名观众。

万神庙

罗马的万神庙（来源于希腊语的 pantheon，意思是"为众神"）是古典建筑的珍品之一。根据建筑门廊上题字所显示的，这座建筑作为万物和谐的纪念物，是由马库斯·维普萨留斯·阿格里帕（Marcu Vipsanius Agrippa）——屋大维·奥古斯都之婿、"第三时期执政官"下令建造的。并于公元前 27 年它被用来供奉七大行星之神。公元 80 年失火损坏后，由多米蒂安（Domitian）修复。在另一场大火后，哈德良皇帝将其整个重建。据推测，门廊和阿格里帕的题词就是在那个时候一起加上去的。这个建筑是阿格里帕浴场建筑群的一部分，与毗邻的海神尼普顿（Neptune）集会堂一起被修复。门廊两边原本都有柱廊，它们将建筑后部隐藏起来，令每一个穿过门廊走入室内的人感到惊异。建筑前的广场很大。建筑于 202 年被再次修缮。

乔瓦·巴蒂斯塔·皮拉内西，《1711 年修复后的万神庙广场》。卡萨那特塞图书馆，罗马，意大利。

原来的万神庙建在阿格里帕时期，是供奉给七位天神的，并把对奥古斯都的崇拜作为中心——与哈德良皇帝后来重建的那座在朝向上完全不同。在雕版图的最右端可以看见圆柱体主体上的转移荷载的拱。

乔瓦尼·巴蒂斯塔·皮拉内西，《万神庙的室内》，改为圣玛丽亚·埃德·马特莱斯教堂（Santa Maria ad Martyres），高圣坛建于 1725 年。卡萨那特塞图书馆，罗马，意大利。

万神庙的平面图与轴测图。

● 结构

万神庙具有独创性地将圆柱形室内空间、根据罗马传统而覆盖在顶部的穹隆，以及希腊式样的门廊融合在一起，显示了设计万神庙的佚名建筑师的高超技巧。门廊约 34 米宽，具有科林斯特征的柱子高约 12 米，柱身为粉红或灰色的单块花岗石。前排的柱子共有八根，形成三个中厅。17 世纪，教皇乌尔班八世（Urban VIII）拆下门厅的铜梁，把它们熔化并做成圣彼得教堂里詹洛伦佐·贝尼尼（Gianlorenzo Bernini）设计的华盖，以及圣安杰罗城堡的加农炮。砖砌的圆柱体主体直径超过 42 米，墙壁厚度为 6 米。室

万神庙室内，118—125 年。罗马，意大利。

彼得罗·比安基（Pietro Bianchi），葆拉圣弗朗西斯科教堂，1817—1849 年。那不勒斯，意大利。

安东尼奥·卡诺瓦，波萨格诺小教堂，1819—1830 年。特雷维索，意大利。

帕斯奎尔·波西安蒂，希斯特农，1829—1842 年。里窝那，意大利。

内的 7 个大壁龛（4 个长方形的、3 个半圆形的）与 8 个顶上有三角形或者圆形的鼓室的小龛相互交替。唯一的光源是位于分为小格的、壮观的穹隆顶中央的直径 9 米的"天眼"（Oculus），这个异教徒的神庙于 609 年被改建为圣玛利亚·德拉·罗通达（Santa Maria della Rotonda）教堂〔也称为圣玛利亚·埃德·马特莱斯（Santa Maria ad Martyres）〕，圆柱形大厅后的房间被用作圣器收藏室和小教堂。

● 建造技术

　　万神庙是工程学的杰作。从伯鲁内莱斯基时代到皮拉内西时代，很多世纪以来，建造这种中心开口的穹隆顶的技术一直令人羡慕并被认真研究。这里首先要注意的元素是沿着圆柱体主体的两列的转移荷载的拱，用它们来吸收由穹隆顶产生的推力，穹隆顶用很轻的火山石砌筑而成，靠近中心的部分渐薄。

● 协调感

　　万神庙的形式传达了一种宇宙协调的感觉。在若干世纪里，万神庙被不断地模仿，这些模仿者包括安德烈·帕拉第奥设计的威尼斯雷登托雷教堂（Redentore）、安东尼奥·卡诺瓦（Antonio Canova）设计的波萨格诺（Possagno）的小教堂、那不勒斯普雷比西特广场（Plebiscito）的葆拉圣弗朗西斯科教堂（San Francesco di Paola），以及帕斯奎尔·波西安蒂（Pasquale Poccianti）在里窝那设计的希斯特农（Cisternone）。万神庙大厅室内从穹隆顶到地面的高度与平面直径是一样的（42 米）；这样形成的球的形状成为象征宇宙协调与平衡的缩影，通过万神庙大厅的室内空间表达出来。而穹隆，则像狄俄涅·卡西奥（Dione Cassio）所指出的，影射了天穹。

圣女康斯坦齐亚陵墓

罗马的塞西莉亚·梅特拉（Cecilia Metella）之墓的废墟（公元前 1 世纪末），18 世纪一幅准宝石镶嵌风景画。石材作坊博物馆（Museo dell' Opificio delle Pietre Dure），佛罗伦萨，意大利。

在古罗马，不得在城墙以内埋葬死人，所以城市外的主要道路旁排满了墓地。正如在阿庇亚大道上的圆形的塞西莉亚·梅特拉之墓所显示的那样。

在早期的基督教建筑中，圆形平面的建筑——很多是洗礼堂和忠烈祠（用来祭奠殉道者的陵墓），多由古罗马建筑和古典晚期使用的元素组成，表现出一定的延续性。

一个圆形陵墓的废墟，公元前 334 年。奥林匹亚，希腊。

这座圆形庙宇是为纪念马其顿王朝而建造的，里面有雕塑家利奥查勒斯（Leochares）所作的圣腓力和亚历山大的塑像。

● 先例

圆形平面本身并不是基督教徒的发明。例如罗马的万神庙（见前页）以及更早的古希腊圆形神庙或圆顶陵墓（tholos），就已经使用圆形平面。准确地说，是罗马陵墓纪念建筑为那些采用圆形设计的新建筑的设计提供了原型。这类建筑的先例中，包括大胆、创新的奥古斯都陵墓（虽然只有很少部分保留至今），以及位于克罗地亚斯普利特（Split）的戴克里先皇帝（Diocletian）陵墓，后者以呈八边形的平面、筒状屋顶列柱走廊、科林斯柱式的门廊以及室内的柱廊为主要特征。

● 陵墓的历史

圣科斯坦札陵墓（The Mausoleum Santa Costanza）的历史可以追溯到公元前 4 世纪初叶，君士坦丁大帝下令为他的女儿科斯坦蒂娜（Costantina，后简称为康斯坦齐亚（Costanza）和海伦娜（Helena，背教者尤里安皇帝之妻）建造陵墓。陵墓建造在一个巨大围合的墓地废墟的后面。在圆形平面的长边上有一个半圆形前厅，它由砖块砌成，一圈外部回廊围绕着主体结构并结束于穹顶的弧形。这些结构令人联想起在托尔皮纳塔拉（Torpignattara）的圣海伦娜（君士坦丁的母亲）陵墓，而

后者已经几乎没剩下什么了。

这种结构也成为罗通多的圣斯蒂法诺教堂（Santo Stefano）的灵感来源，这座教堂被认为是世界上最大的、附带一个悬挑柱廊的圆形建筑。圣科斯坦札陵墓主体墙壁上有 12 个圆窗将室内照亮，它们构成了一种支撑穹顶的鼓形结构（圆形的承重墙），底部宽约 22 米。12 对带有复合柱头的花岗岩柱子支撑起 12 个柱顶线盘，支撑穹隆的拱从其上跃出。马赛克镶嵌图案装饰了柱廊的筒形拱顶和小型后殿。陵墓后来很快便被作为洗礼堂，而后于 1254 年成为教堂。

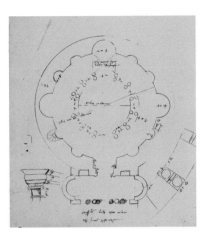

16世纪的一幅罗马圣科斯坦札陵墓的图纸。乌菲齐美术馆绘画和版画部，佛罗伦萨，意大利。

圣科斯坦札陵墓外观，6世纪。罗马，意大利。

● 从陵墓到洗礼堂

　　艺术史家和考古学家理查德·克劳特海默（Richard Krautheimer）在《给罗马人的信札》（Epistle to the Romans，VI，3-4）中，通过一个过客的解释，揭示了洗礼堂和陵墓采用相同的建筑形式的理由。

　　圣保罗（St. Paul）将洗礼和死亡联系了起来，他认为死亡是以宗教信仰和基督之名得到复苏的必要前提。这个观念被圣巴西略（St. Basil）和圣奥古斯丁（St. Augustine）所重申，这两位分别是令人敬仰的正教会和拉丁教会之父。

圣科斯坦札陵墓内景，6世纪。罗马，意大利。

君士坦丁堡

君士坦丁堡（即所谓"君士坦丁之城"），现在被称作伊斯坦布尔（也许来自于希腊语"到城市去"，这是1453年土耳其人征服时围城部队的呼喊），它的历史早在君士坦丁大帝于330年5月11日建城时就已经开始了。坐落于具有战略意义博斯普鲁斯——一个连接黑海和马尔马拉海并最终通向地中海的海峡——的岸边，自从史前便有人在此居住。第一个城市中心可以追溯到公元前7世纪初，由麦加拉学派的殖民者在那里建立；殖民地被称为拜占庭，是根据它的创立人拜占斯（Byzas）的名字命名的。那里一直保持独立，直到在公元2世纪被罗马皇帝塞提缪斯·塞维鲁斯（Seprimius Severus，约193—211年）征服为止。塞维鲁斯几乎把那里变成一个小村子，但之后为了能够从它的战略性位置获利，又将其复兴。

● 君士坦丁之城

早先的事情已经部分地解释君士坦丁将他的帝国首都建在这个金角湾地区的动机。这个地区峡谷状的地貌（一条令人想到台伯河的河水贯穿而过，环绕着七座山），在很多方面都很像罗马。从各方面意向来说，君士坦丁堡就像第二座罗马，在很多世纪里，它将在财富与宏伟的规模方面与罗马相抗衡。

● 纪念物

新首都的规划基本上保持了塞提缪斯·塞维鲁斯时期的样子，只是扩大了城

瓦伦斯大输水道遗迹，378年。伊斯坦布尔，土耳其。

作为364年到378年的东罗马帝国皇帝，弗莱维厄斯·瓦伦斯（Flavius Valens）统治时是最为多灾多难的时期之一。他发动了对抗阿兰尼（Alani）人、匈奴人以及哥特人的战争，西哥特人在哈德良堡（Hadrianopolis）的战斗中击败了他的部队。君士坦丁堡的大输水道在他的王朝中最终竣工。大输水道抬高的部分，有很长一段保留至今，超过了半公里长。整个结构设计成两层不同的拱廊，第一层由巨大的石头建造，而第二层则使用较轻的材料。大输水道经过多次修复，为皇帝的宫殿（后来变成苏丹王的宫殿）供水。

君士坦丁堡外城墙的复原图（5世纪上半叶）。

黄金门的遗迹，6世纪。伊斯坦布尔，土耳其。

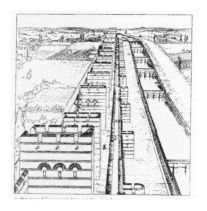

墙环绕的范围。主要道路两边立满了柱子，笔直地穿过城市，贯穿了几个巨大的公共广场：君士坦丁广场，接着是陶利（Tauri）广场、博维斯（Bovis）广场和阿卡狄乌斯（Arcadius）广场，建造时期从西奥多西一世（Theodosius I）一直到阿卡狄乌斯时期。真正的城市中心是围绕着大跑马场建造的一个复杂的建筑群——是对塞维鲁斯效法古罗马大竞技场（见《认识建筑》第 56 页）而建造的一座建筑的扩建——在那里举行马拉战车赛以及角斗士的角力。大跑马场为标准的 U 型平面，长边超过 488 米，在中心形成脊状隆起，并集中布置了大量的柱子、埃及的方尖碑和来自整个帝国各处的雕像。在大跑马场的东侧，君士坦丁建造了他自己的宏伟宫殿。这座号称"城中之城"的马格努姆宫殿（Palatium Magnum），由繁密的建筑网络组成，建筑相互之间由带柱

廊的院子联系起来。塞维鲁斯时期的宙克西普斯（Zeuxippus）浴场、奥古斯丁广场、圣索非亚教堂和议政厅坐落在北侧。

● 君士坦丁之后的城市

君士坦丁的继任者们持续不断地建造公共广场、柱子、宫殿、浴场、纪念拱门、教堂以及公共设施来装饰这个城市。其中最著名的是始建于君士坦丁时期直到瓦伦斯（Valens）王朝的公元 378 年才竣工的大输水道。但是，在西奥多西二世（Theodosius II）时期，这座城市的扩张达到了顶峰：他在君士坦丁建的城墙外加建了新墙。直到 5 世纪中叶，它一直是一个兴旺的首都，拥有 4388 座精致的私宅、322 条街道、153 个私人浴场、5 座皇室宫殿，以及 8 个公共浴场。这座城市在建城超过 11 个世纪之后，最终在 1453 年被土耳其人征服。

土耳其人洗劫前的君士坦丁堡，出自比翁德尔蒙特（C. Buondelmonte）的《群岛之书》，约 1420 年。巴黎国家图书馆，法国。

这份已知最早的君士坦丁堡地图，展现出天然屏障和防御工事的超乎寻常的结合，使这座东罗马帝国的首都保持了 1000 多年都无懈可击。在三面环海的情况下，这座城市用双层城墙加固西线防御。这幅微缩图清晰地标出了在那个时候彰显城市特色的标志性建筑，如防御工事、城门、大跑马场（在东侧）、皇帝的宫殿、大部分重要的教堂以及众多的古柱。

蓝色清真寺前的广场。伊斯坦布尔，土耳其。

今天延展形成的长方形广场就是以前大跑马场的位置。在这座壮观的建筑中曾经一度拥有著名的铜马，现在装饰着威尼斯圣马可广场的铜马仅遗留下尾部了。

君士坦丁堡大宫殿的复原与方案，各种建筑与构筑物多完成于公元 4—14 世纪。

这座复杂建筑群规模庞大，在 1204 年的记载中有多达 500 间房间，反映出东罗马帝国宫廷生活的庄严和尊贵。

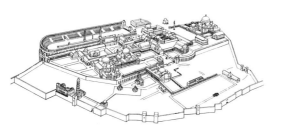

圣索菲亚大教堂

伊斯坦布尔的圣索菲亚大教堂（Hagia Sophia，或称 Santa Sophia），是献给神圣智慧神（希腊语中 Hágia Sophía）的，并被认为是体现了某种神的本质。它同时还被称为"伟大的教堂"，是东罗马帝国首都的骄傲，它的美丽无与伦比，令整个古代世界都叹为观止。

圣索菲亚大教堂，6 世纪。伊斯坦布尔，土耳其。

锡南，苏里曼清真寺（The Suleimaniye Monsque），1550—1556 年。伊斯坦布尔，土耳其。

土耳其建筑师锡南，是为苏里曼苏丹工作过的最著名的建筑师之一，在他设计的遍布整个奥斯曼帝国的壮观的清真寺中，可以看到从圣索菲亚大教堂中汲取的灵感。其中就有位于埃迪尔（Edime）的塞利姆（Selim）清真寺和这里展示的这座献给苏里曼一世的清真寺，它至今仍装点着伊斯坦布尔的一座山头。

圣索菲亚大教堂轴测图。

● 早期结构

原先的圣索菲亚大教堂与现在的建筑有很大差别。它始建于君士坦丁大帝时期，也许是在他的儿子君士坦丁二世统治时竣工的。教堂有巴西利卡式的平面和木质屋顶，被 404 年的一场大火烧毁。西奥多西二世将它重建，仍然是巴西利卡式的平面，但是，在 532 年反抗新登基的查士丁尼一世皇帝（Justinian）的叛乱中，教堂再次被火灾摧毁，仅有柱廊被保存下来。在掌权之后，查士丁尼立即下决心建造一个更为宏伟的纪念物，圣索菲亚将成为整个帝国最美丽的教堂，于是他下令召来了当时两个最著名的建筑师。

● 建筑师

这座新建筑的主设计师是来自小亚细亚特拉雷斯（Tralles）的安提米乌斯（Anthemius）。尽管他的诞生之日不为人所知，我们确信他出生在吕底亚的一个医师家庭，除了是著名的建筑师，他同时也是一个出色的雕刻家和数学家。他唯一为世人所知的作品就是圣索菲亚大教堂——堪称历史上建筑学和工程学的最高成就之一。和他合作的是小亚细亚米利都（Miletus）的老伊西多（Isidorus），他精通几何学。令人惊奇的是，这座宏伟的大教堂仅历时 5 年就建成了，并由查士丁尼在 537 年一个庄重的典礼上用于祭祀。

圣索菲亚大教堂穹隆内部，558年。伊斯坦布尔，土耳其。

目前所见到的穹隆是小伊西多重建的。

圣索菲亚大教堂半圆形后殿的室内。伊斯坦布尔，土耳其。

这个庄严的建筑象征着一种微缩的宇宙，穹隆再现了天穹，大厅暗指笼罩在神的光芒之中的被创造的世界。在东罗马帝国覆灭后，这座基督教教堂被改建成一座清真寺。

● 结构

　　事实上很难为这个建筑的平面归类，因为严格地讲，它既不全是巴西利卡式，也不全是中央构图式。它令人瞩目的特点就是中央穹隆，直径约有30米。根据古罗马帝国的编年史家普罗科庇乌斯（Procopius）的说法，这个设计要呈现"悬于空中"的效果。长方形底座长约70米，宽约76米。室内部分，墩柱是用当地的石材建造，而那些受力较弱的构件则用较轻的砖块砌成。教堂分为三个中厅，侧面有带两个谈话厅的半圆形后殿，前面入口处有两道门廊。这种独创的划分方式，使得室内空间看起来没有被打断，其增长和扩大都十分自然。

● 困难

　　根据普罗科庇乌斯所做的第一手分析，安提米乌斯和伊西多遇到了非常基本的难题。在当时，即使是计算结构的推力和反推力并由此确保建筑的稳定性，都是不可能完成的，事实上它在建成后不到20年就坍塌了。由于两个建筑师在那之前就已去世，小伊西多被召来修复教堂。他成功地重建了这座教堂，使原设计更加完美，并没有改变视觉效果。尽管人们极度赞美这个非凡的巴西利卡，却因为所包含的技术难度，几乎没有被复制过。直到很久以后，苏里曼一世（Suleiman Ⅰ）的著名建筑师锡南（Sinan，1489—1578年）在他设计清真寺时，曾努力试图与圣索菲亚大教堂相匹敌。

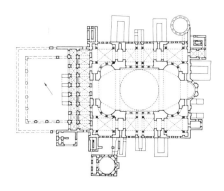

圣索菲亚大教堂平面图。

狄奥多里克陵墓

罗马帝国是几乎将所有已知世界的人民统治于其制度下的世界性的帝国，它的统治和荣耀，从未随它历史的衰落与覆灭一同消亡。

相反，几个世纪以来，它以不同的形式和不同的目的被不断地复兴。其中，最早复兴帝国概念的人是狄奥多里克（Theodoric，454—526年），东哥特王国的国王，他将自己看作拜占庭（东罗马帝国）皇帝在西方的使节，继承了罗马历史文明的遗产。

● 狄奥多里克

曾作为君士坦丁堡宫廷人质的狄奥多里克是阿马利（Amal）皇族成员，亚玛部落对罗马文化非常了解。他因所受教育在家族中获得较高的地位，并被看作具有领袖风范的领导。

那些已定居在潘诺尼亚（Pannonia）的哥特人现在也团结在狄奥多里克麾下，自从488年巴尔干半岛大洗劫之后，他被拜占庭皇帝芝诺（Zenone）指定成为军队总管。在这个位置上，他为了国王的利益侵略了意大利并且发动了对意大利蛮族国王奥多亚塞（Odoacer）的战争。476年，罗慕卢斯·奥古斯图卢斯（Romulus Augustulus）被废除，狄奥多里克被推举为王。很明显，狄奥多里克扮演了罗马权威的合法恢复者的角色。

事实上，他开创了东哥特（"东方来的哥特人"）王朝，并维持了60年，从493年奥多亚塞被击败并被杀死，一直到553年拜占庭的军队击败了东哥特最

马赛克镶嵌墙的细部，画上为拉韦纳的景观和狄奥多里克宫殿，6世纪。圣阿波利纳尔教堂，拉韦纳，意大利。

这幅镶嵌画可能是消失了的狄奥多里克宫殿立面的理想化的表现。

后的抵抗。尽管狄奥多里克致力于将东哥特人和罗马人严格区分的政策，包括严禁通婚，他还是被迫恢复罗马晚期的文化制度，从立法机构一直到货币体系乃至宗教（他自己的信仰是一种雅利安异教，主张基督和圣父本质上并不是同一类，而更像是他的第一个造物）。在狄奥多里克的统治下，从镶嵌工艺到建筑等多种艺术表达方式，重现了罗马和拜占庭的风格、形式以及式样。

● 建筑

狄奥多里克陵墓位于拉韦纳，他还在世时便已竣工。这座陵墓很难被归类，艺术史学家们认为它是独一无二的，是一个与众不同的、融合了罗马—拜占庭以及典型的日尔曼特征的和谐的混合体。

通过这座建筑的圆形平面可以确认属于陵墓建筑。下面的部分是一个 12 边形多面体基座，室内由十字形的空间组成，天花是十字拱形的。光线通过沿着圆周盲券上的狭窄裂缝将室内照亮。

上面的部分在平面上是个圆形，比下面的部分略微狭窄。室内是石棺，曾经容纳过君主的遗体，现在已经空了。建筑上面覆盖着一整块石灰石半球，直径超过 9 米。陵墓建筑和其他同类建筑的相似之处，不仅通过平面表现出来，还表现在上下两个不同尺寸的基座上衍生出的假回廊。而差别则主要体现在材料的不同使用方式，比如用伊斯特里亚（Istria）的石头来代替砖、几何型的装饰，以及修饰穹隆的小平台。

狄奥多里克陵墓，6 世纪。拉韦纳，意大利。

用来装饰穹隆的整块石头估计有近 330 吨重。

雅利安人的洗礼堂，6 世纪。拉韦纳，意大利。

这座洗礼堂是狄奥多里克为了向其宗教信仰表示敬意而建造的。在雅利安教被基督教会定罪后，这座洗礼堂被用作天主教礼拜堂并被献给圣母玛利亚。

耶路撒冷的圆顶圣岩寺

如果在伊斯兰世界中，有一座建筑在传统和声望上能与克尔白天房（Kaaba，圣地麦加城大清真寺广场中央供有神圣黑石的方形石殿）相提并论的话，那一定非耶路撒冷的古巴特·塞哈拉〔Qubbat al-Sakhra，或称奥马尔（Omar）〕清真寺莫属，而对于西方世界来说，它的另一个名字"圆顶圣岩寺"（the Dome of the Rock in Jerusalem）更广为人知。事实上，当穆斯林因不停的对外战争或内部斗争而无法去麦加朝圣的时候，作为替代，他们获准去圆顶圣岩寺朝拜。

● 历史

穆罕默德从麦加到麦地那的逃亡（622年）之后的60多年，他进行了标志着伊斯兰纪元开始的对麦地那的战斗，同时，穆斯林帝国还在为统一而奋斗，并且要致力建造一座建筑物，使之能与他们在世界舞台上日益显著的信仰相称。在倭马亚王朝（Ummayad，661—750年）的统治下，伊斯兰世界戏剧性地拓展了领土，促进了内部的联合，并且努力创造新建筑，使它们能与其他的大帝国和其他宗教信仰的建筑相抗衡。其中最为重要的人物是哈里发阿卜杜勒·马立克（Abd al-Malik，705—715年在位），根据他的首创精神建造了圆顶圣岩寺，他还是改革的促进者，给伊斯兰世界留下了不可磨灭的印记。在他的统治下，倭马亚王朝开始铸造自己的货币；拜占庭和萨桑王朝的货币不再流通。阿拉伯语成为帝国的官方语言和宗教仪式上的语言。这些和其他一些措施使得多种族的伊斯兰世界加强了内部的统一，帝国的版图很快就向东扩展到印度，向西扩展到西班牙（见《认识建筑》第122页）。

● 择址

这座建筑既要成为一个能够成为表达安拉信仰的纪念物，又要给予巴勒斯坦的天主教建筑以伊斯兰教的回应，它的择址是至关重要的。因此，阿卜杜勒·马立克选择了耶路撒冷这座同样神圣的城市，那里有哈拉姆·谢里法（Haram al-Sharif），或者称作圣殿山，那里曾经是所罗门神庙所在；尤其重要的是，在那个地方，清真寺可以祀奉那块圣岩石，据说亚伯拉罕（阿拉伯人也声称是他的后人）曾经遵从神的命令在其上献祭他的儿子以撒（Isaac），并且先知穆罕默德在骑着飞马卜卢克（Buràq）离开麦加，经历了不可思议的夜游后，也是从那块岩石上"登霄"的。

● 结构

圆顶圣岩寺围绕岩石建造，属于一个复杂的建筑群的一部分，这个建筑群还包括了（并且仍然包括）阿克萨清真寺（Masjid al-Aqsa），它已经被修缮了很多次了。在某种程度上说，圣岩寺总平面反映了耶路撒冷同时存在的圆形圣墓建筑

圆顶圣岩寺，7世纪晚期。耶路撒冷，巴勒斯坦。

该建筑始建于688—689年，竣工于691—692年

圆顶圣岩寺室内，7
世纪晚期。耶路撒冷，
巴勒斯坦。

圆顶圣岩寺窗的细部与穹顶外部装饰，16 世纪。
耶路撒冷，巴勒斯坦。

这种极其精细的外装饰物可以追溯到苏里曼一世
时期。

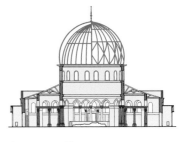

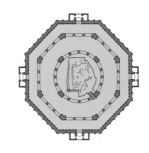

耶路撒冷圆顶圣岩寺
平面与剖面。

建筑物的支撑结构由
12 根大柱子与 28 根小
柱子间隔组成。

和它附近教堂的基督教模式，用建筑学术
语来说，这种安排在不同但互补的几何形
状之间建立了一种平衡：一个平行六面体
结构（各个面都是平行四边形的六个面的
多面体）和一个圆柱体结构，前者作为祈
祷者的"容器"，后者则用来容纳圣物。
圆顶圣岩寺是一个有着双重回廊的八边
形建筑，当人们围绕这个宏伟的清真寺行
走进行称为塔瓦夫（tawwaf）的传统仪
式时，能够从回廊里全方位地看圣物箱。
铺覆着黄铜瓦的木制穹隆从圣殿的中央
围墙上面（包围着许愿符的神圣围墙，来
自于希腊语 Períbolos）升起。穹隆安置
在砖砌的鼓座（支持结构）上，上面开有
16 扇窗；下面的八边形结构有 40 扇碎花
窗，这些窗是在 1552 年为苏里曼一世设
计的，他下令将这座建筑的外表用华丽的
意大利产的彩色花饰陶瓦进行装饰。整栋
建筑是基于一个星形多边形的几何模型，
这来自于希腊化的拜占庭文化。

石刻建筑

古纳巴泰国首都的景象。佩特拉，约旦。

建筑和大地从开始便有着不可分割的血缘关系。大地常常被认为是神明创造的巨大建筑，因此被视为最卓越的建筑，是那些建造、生长在大地"里面"的建筑，它们使假想的造物主的创造行为不朽，并具有重要意义。在广泛多样的文明中都可以找到石刻建筑，石刻建筑仿佛拥有着一种独特的魔力，不仅作为宗教建筑，也作为居住用途。建筑和大地内部的结合可以追溯到史前时期。在人类历史的最早时期，当洞穴成为一种天然建筑的时候，这种关系便以不同的方式演化，并且产生了惊人美丽的建筑。

埃尔卡兹尼（el-Khazneh）立面，公元前1世纪。佩特拉，约旦。

这座壮观的墓葬神庙是从岩石中完整地凿刻出来的，可能是由阿勒塔斯（Aretas）建造的，他在公元前85—前84年是纳巴泰的国王。立面约有40米高，采用双层科林斯柱式。鼓室上面的中间的建筑表现出雅典式的塔式纪念碑建筑的特点（见《认识建筑》第115页）。

● **佩特拉**

在今天约旦南部边境附近辽阔的沙漠高原的山脉之间——一个不适合建造城市的地方——佩特拉（Petra）却屹立在那里，仿佛是对大自然规则的藐视，这是一处连接地中海东岸各地的旅行商路的十字路口。作为一个东方与西方的商业中心发展起来的商业城市，它曾是始于公元前4世纪的阿拉伯纳巴泰（Nabataea）王国的首都。依靠着一个精细的灌溉系统，即使是在公元前106年被罗马统治之后，佩特拉也一直保留着重要的城市中心。它的建筑——包括公共浴场、女神的纪念建筑、神庙、宫殿和剧场——受到希

腊—罗马传统的巨大影响。佩特拉以具有无与伦比的魅力的纪念建筑而自豪，它们有很多是直接从岩石上凿刻出来的，例如埃尔卡兹尼宝库（el-Khazneh Firaum，"法老的珍宝"，公元前1世纪），有着一个极端复杂的立面。与之形成对比的是佩特拉陵墓，陵墓室内只是光秃秃的空间，仅用一些躺着尸体的大型壁龛装饰。

● **阿旃陀的石窟**

从公元前1世纪的到公元7世纪之间建造的阿旃陀（Ajanta）大型石窟神庙，位于印度中西部满是岩石的德干高原（Deccan Plateau）上，是世界上最重要

的石窟建筑群之一（见《认识建筑》第152页插图）。阿旃陀石窟建造于佛教最为昌盛的时期里，它一定曾是这一地区的圣地。在被人类彻底遗忘几个世纪之后，阿旃陀石窟于1819年被意外地重新发现了。它偏离了古代的商路，但是离得并不遥远，阿旃陀的29个石窟似乎是一个朝圣与供奉的地方。这些从岩石里挖凿出来的人工洞穴是佛教僧侣的圣所与集会大厅，装饰质量极高。它们的墙壁用极为丰富的壁画装饰（古印度绘画最广泛最生动的记录资料），赢得了"亚洲的西斯庭"的美称。

● 中国的石刻建筑

　　石刻建筑也广泛地分布在辽阔的中国大陆上。例如敦煌石窟，沿着位于甘肃省的戈壁滩沙漠附近的丝绸之路上，从岩石中凿刻出敦煌石窟是极端艰苦的工作。敦煌因它的壁画而闻名，这些壁画可以追溯到 5 世纪到 8 世纪之间。此外，位于山西省大同市附近的云冈石窟群，现存 53 个主要洞窟是从长逾 1 公里多的沙岩壁中刻出，里面有巨大的佛像。石窟里面的许多墙面装饰着彩绘浮雕，惊人的美丽。

● 卡帕多细亚

　　基督教世界也无法抗拒石刻建筑的魔力。位于今天土耳其中部的卡帕多细亚（Cappadocia）地区的大量教堂可以证明这一点，它们中的许多是以拜占庭的壁画来装饰的。

一个位于卡帕多细亚地区安纳托利亚中部的历史区域，像一座特殊的"露天博物馆"，不仅保存了重要的石窟教堂和修道院，而且还保留了地下村庄、城堡和形式奇特多样的居住点（有些至今仍被使用）。

阿奎斯格拉那的
巴拉丁礼拜堂

说到阿奎斯格拉那（Aquisgrana，今天德国的亚琛）的巴拉丁礼拜堂（Palatine），我们不得不结束对那些以圆形平面为共同特征的重要的古代纪念性建筑的幻想之旅。在阿奎斯格拉那，巴拉丁礼拜堂的形式与那些同样重要的古代建筑相比，具有了新的意义和不同的功能。

伊斯坦布尔的圣塞尔吉乌斯和巴克乌斯教堂（527—536 年）轴测投影图，以及拉韦纳的圣维他勒教堂（526—547 年）平面，这是 9 世纪和 10 世纪所有帝国建筑的模式。

圣维他勒教堂有几个基本元素和圣塞尔吉乌斯和巴克乌斯教堂相同，比如支撑穹顶的柱子和柱墩的交互系统、柱子布置成的半圆形小室、教堂前厅，以及半球形的拱顶。但是在圣维他勒教堂中，八边形的平面是"暴露"的，而在圣塞尔吉乌斯和巴克乌斯教堂中，八边形的平面是嵌在一个矩形之中的。

巴拉丁礼拜堂的室内，790—805 年。亚琛，德国。

● 拜占庭模式

对于当时绝大部分建筑师们来说，在实践中模仿像君士坦丁堡的圣索菲亚大教堂那样大胆的设计几乎是不可能的，然而也在这座城市的圣塞尔吉乌斯和巴克乌斯教堂（Saints Sergius and Bacchus）的模式，则可以很容易地传遍拜占庭帝国的土地。位于拉韦纳〔帝国意大利部分的首都，在东罗马帝国的统治时期于 540 年由贝利萨留（Belisarius）夺回〕的圣维他勒（San Vitale）教堂就几乎重复了君士坦丁堡的这所教堂的平面，尽管有些改变，这并非偶然。此外，拉韦纳的这座建筑是查士丁尼皇帝和他皇后狄奥多拉（Theodora）的"巴拉丁礼拜堂"，半圆后殿里著名的马赛克镶嵌画，描述了他们和其他宫廷成员在一起的场面。

巴拉丁礼拜堂的穹
顶，790—805 年。
亚琛，德国。

● 查理曼皇帝的理想

在 754 年和 756 年的两次战役中，法兰克的国王矮子丕平（Pippin the Short），征服了拉韦纳和拜占庭派到这个城市的总督，并将它们连同罗马领地一起赠予了教皇。因此不出意料，拜占庭女皇艾琳（Irene）强烈反对教皇利奥三世主持 800 年 12 月 25 日丕平的长子查理曼成为罗马帝国的统治者（romanum gubernans imperium）的加冕礼。尽管存在政治利益上明显尖锐的冲突，查理曼皇帝仍将君士坦丁堡看作最高等级的文化中心。新皇帝决心复兴古罗马的昔日辉煌，他深知在很多方面都要向拜占庭文化和艺术学习。出于此因，当他选择将阿奎斯格拉那作为帝国的首都时，他的巴拉丁礼拜堂以那座查士丁尼皇帝在拉韦纳的教堂为原形，似乎成为国王要恢复荣耀理想的最恰当的在建筑上的再现。

● 建筑

在阿奎斯格拉那的巴拉丁礼拜堂原先是居住宫殿群（被摧毁了）的一部分，有一条长走道把它和宫殿群连接起来。从一个现已遗失的碑文上可知，礼拜堂由来自梅斯（Metz）的建筑师奥多（Odo）设计。为了建造这座礼拜堂，经过教皇哈德里安一世（Hadrian I）的准许，柱子和大理石块是从罗马和拉韦纳的古代纪念建筑中直接拆运来的，这显然出于政治上的目的。丰富的材料、大胆的技术解决方案和精致的陈设与细节，使这座纪念性建筑成为卡洛林式建筑保存至今最好的例子。这座建筑，是一个有些复杂的八边形结构，顶上覆盖着直径超过 15 米的穹隆，皇帝的宝座置放在它的半圆后殿里。穹隆由连接着拱的 8 根柱子支撑，它们同时也是女士楼座的拱墩。女士楼座也是拱顶的，在整个室内回旋，就像回廊一样。上部一列拱由柱连接。

巴拉丁礼拜堂的室内
与"查理曼的御座"，
790—805 年。亚琛，
德国。

倭马亚城堡

在倭马亚（Umayyad）王朝最初的首都于661—750年期间先定在大马士革，后来从756—1031年移到科尔多瓦（Cordoba），这个伊斯兰帝国从伊比利亚半岛一直延伸到印度次大陆。在他们的统治的第一个阶段，他们使用了各种方式来巩固政权，尤其是在新信仰还没有被全面信奉的叙利亚—巴勒斯坦地区。其中的一种方式就是利用建筑，沿着"新月沃地"〔或译"肥沃月湾"（Fertile Crescent）〕的西部边境建造所谓的沙漠城堡。这些建筑设施具有双重功能，既是军事前哨，又是开发沙漠的设施。它们沿着标志出这块雨量充沛的沃土的延长弧线建造，这并非偶然。以这种方式，哈里发的统治复兴了曾经在那里保护帝国的罗马—拜占庭模式的农业与军事组织。倭马亚的居住点模仿传统的罗马"乡间别墅"（country villa），变成了一种真正的农业企业。他们的第一个城市是安杰尔（Anjar，位于现在的黎巴嫩），位于连接从贝鲁特到巴勒贝克的富饶的贝卡谷地中，由哈里发韦立德一世（Caliph al Walid I，705—715年）建造。城市规划以及宫殿和浴场建筑清楚地反映出来自罗马建筑传统的特点。

有柱廊的街道遗迹，7世纪。安杰尔，黎巴嫩。

为了建造壮丽的城市安杰尔，哈里发韦立德一世使用了从古代纪念建筑上取来的带装饰性柱头的罗马柱子。

8世纪安杰尔城平面复原图。黎巴嫩。

这座设防的复杂要塞，包括一个统治者的宫殿、一座清真寺和公共浴场（有两个，其中一个靠近城墙），它的灵感来自于罗马营寨，用柱廊装饰纵向和横向的主要街道（cardo and decumanus）的，并且将占地划分为数个地块。

1. 纵向主街
2. 横向主街
3. 中央广场
4. 统治者宫殿以及有中庭的大厅
5. 清真寺

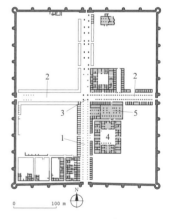

● 沙漠中的精致

明亚（al-Minya）是最古老的倭马亚城堡中的一座，位于现在的以色列加利利海（Galilee，即太巴列湖）岸，它很可能也是在哈里发韦立德一世统治时期建造的。这座城堡由一座有三个中殿的清真寺和一些用作医务室并起连接作用的小房间组成，延续了罗马或萨桑王朝的式样。可以从装饰中发现这些沙漠城堡的美丽，那些装饰丰富得无与伦比。位于现在约旦首都阿曼附近的穆沙塔（al-Mushatta）城堡的一些保存下来的遗迹，现存于柏林，就可以作为例证。方形的建筑被围墙环绕，25座塔耸立在城墙上面，城堡的入口非常辉煌，带有一座清真寺和礼节性庭院，并引导到一个有顶的中心广场，城堡就在远处矗立着，看来好像还没有完成。

大广场和宫殿内王座室的遗迹，8 世纪上半叶。穆沙塔，阿曼，约旦。

穆沙塔大沙漠城堡保存下来的只有庞大的有顶广场（每边 130 米）遗址，它通向王座室（aula regia），复制了一个有三个正厅和三个半圆后殿的教堂的平面。

浴场遗迹，约 711 年。阿姆拉堡，约旦。

穆沙塔的倭马亚宫殿立面上的石灰石浮雕装饰细部，8 世纪上半叶。施塔特里希（Staatliche）博物馆，柏林，德国。

从 1904 年起，这个柏林博物馆的伊斯兰藏品部拥有了穆沙塔沙漠城堡立面的右半边，是由土耳其苏丹赠予威廉一世皇帝的。这是最早的伊斯兰墙饰之一，伊斯兰墙饰不允许直接表现人的形象。

● 浴场

倭马亚的沙漠城市仍由古罗马的输水道供应用水，它们也有着奢华的热水浴场。例如，位于约旦的阿姆拉堡（Qusayr Amra）的浴场，穹窿上装饰着天堂的图画以及十二宫的形象。这座包括浴场在内的建筑的外观是光秃秃的，它是一个更大的建筑综合体的一部分，现在整体已经消失了。浴场的室内装饰着壁画，现在几乎已经难以辨认或者完全消失了。它大约在 19 世纪末被发现，当时绘制的图纸还保存着。那些场景、肖像和风格反映了罗马晚期和拜占庭式样。迈夫杰尔（al-Mafjar）的浴场也用极其精美的马赛克装饰，迈夫杰尔现在已经成为遗址。

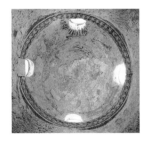

浴场的热水浴场上部的穹顶，约 711 年。阿姆拉堡，约旦。

穹顶用天空图画和黄道十二宫的标志装饰，证明了占星术在哈里发的宫廷扮演了重要的角色，哈里发在他们行使权力前会参考占星结果。12 世纪的艺术史学家弗里茨·萨克索（Fritz Saxl）证明，阿姆拉堡的装饰环是以希腊天文学文字记录为基础的。

吴哥

除最近几十年里的政治剧变外，柬埔寨也以拥有世界上最大的、也是最令人着迷的考古学遗址之一而自豪，其遗址在面积上仅比中国的长城小。从大约 800 年奠基开始到大约 1225 年，吴哥的古城就是高棉王国的都城。不幸的是，自从它于 1860 年被重新发现开始，吴哥遭受了不断地掠夺。庆幸的是掩藏在茂密的雨林里的吴哥寺，同时也因雨林的保护而避免被完全毁坏，终于在危难中被保留了下来。尽管得到国际性的修复和保护，但是吴哥的建筑仍然受到环境退化和人为掠夺的威胁，而处于变成仅仅是一种记忆、一个被忽视的意象，而不是亚洲文明最高成就象征的危险之中。

● 高棉

高棉文明从 2 世纪起就开始在湄公河盆地发展了，经过了一个漫长的政治和军事历程，根据中国史书的记载，扶南国（Funan）就在这里建立，他们的半传奇的祖先可以追溯到一次婆罗门人修道者柬埔（Kambu）和仙女梅拉（Mera，或者也许是本土酋长的一个女儿）的婚姻。扶南国最初的人口是混合了一些印度人成分的蒙古血统，在它逐渐扩张的过程中，吸收了位于高棉大湖北部地区的柬埔寨（Kambuja，柬埔之子），高棉的名字也源于此。然而大约在 6 世纪中叶，柬埔寨成功地脱离了扶南国的统治，并且将它的首都从松博（Sambor）迁至吴哥。柬埔寨从那时起开始扩张，最终发展成为高棉王国。这个民族的宗教最早是基于印度教主神湿婆的崇拜，但是在 8 世纪佛教被引入进来。在其颠峰期，高棉文明将其文化和建筑的影响辐射到现在的柬埔寨，甚至远及现在泰国、老挝和越南的土地。泰国的帕侬蓝寺（Phanom Rung）便显而易见是吴哥寺前的先例，同时位于老挝南部的普占庙（Wat Phou）通过一条 97 公里长的道路与吴哥相连，林格斯（lingus）崇拜在高棉文化里也是非常重要的。高棉王国在佛教国王耶跋摩七世（Jayavarman VII）统治下达到了文明的高峰，他曾于 1190 年击败了占婆（Champa），这个先进的文明在建筑领域、水利工程以及装饰艺术方面有着很高的技巧。之后不久，由于很多原因（包括北方国家的入侵到邦国的反叛），开始了其逐渐衰败的时期，最终于 1431 年被泰国人征服，泰国人占领了吴哥，并且把首都迁到金边。

吴哥寺，1112—1150 年。吴哥，暹粒，柬埔寨。

吴哥寺是世界上最大的宗教建筑，甚至比罗马的圣彼得大教堂还大。寺庙倒映在一个有象征意义的湖面上（曾经宽阔的护城河现在几乎已经萎缩成一片沼泽），有四条河流从湖里流出，令人想起基督教伊甸园的河流。参观者经过导引，穿过一系列障碍物然后猛然看见令人惊异的石头景观。

吴哥寺内的蛇神那迦（Naga）雕刻的细部，1112—1150 年。吴哥，暹粒，柬埔寨。

通向寺庙顶部的铺地道路两侧排列装饰着雕刻着蛇神那迦的护栏。通向水源纯净、树木挂满了水果、动物温顺的更高世界的道路，让人们祈祷并放弃尘世的俗念。

● 在石头丛林中

典型的高棉艺术体现于佛像，这在整个印度支那地区都非常普遍。它源自于印度并且逐渐变成自发的流行风格。802年，耶跋摩二世（一个生于爪哇的王子之子）建立了高棉王国的都城吴哥，在大约40平方公里的范围内，吴哥包括了无数的寺庙和宏伟的纪念建筑、道路、桥梁、人工湖、池塘、河堤和水坝。错综复杂的水利和运河系统（从湄公河引水），提供给水稻灌溉和土地耕种之用。场地的中心是宏伟复杂的吴哥城（Angkor Thom，angkor 是"都城"的意思，thom 表示"大"）。吴哥城建成于耶跋摩七世统治时期，有一个正方形的平面，被城墙围绕，每边大约有 3 公里长。大量寺庙围绕着吴哥城，其中最著名的就是吴哥寺（Angkor Wat，wat 是"寺庙"的意思），建造于苏利耶跋摩二世（Suryavarman Ⅱ）统治时期的 1112—1150 年间，为了纪念他的军事胜利。吴哥寺覆盖了大约 1 平方公里，外面由超过 198 米宽的护城河保护。巨大的主体建筑隐喻圣山，周围有四座塔，象征着冰雪覆盖的梅鲁峰，形成印度教与佛教的宇宙观中的轴心。在中心正殿，有三个同心的回廊包围，主塔直指 66 米的高空。

吴哥寺平面图。

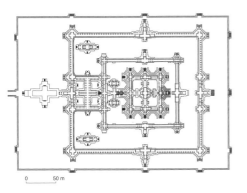

0   50 m

吴哥寺航拍图。

婆罗浮屠

在爪哇岛上的婆罗浮屠(Borobudur)比吴哥略早建成，是整个印度尼西亚最重要的建筑之一。就像高棉文化那样，印度尼西亚文化也受到了印度文化的深刻影响。大约在760年的岳帝王朝(Sailendra)时期，训练有素的爪哇工匠建造了这座壮丽的石山——大约42米高，体积有5.5万立方米。建筑本来有数十个佛塔，按照精确的几何图案排列。婆罗浮屠建在柯都(Kedu)山谷的一个山头上，面对着默拉皮火山(Merapi)。它采用一个正方形的平面，由一个个同心的平台组成，从第五层开始变成圆形。在顶上有四条轴向布置的台阶，通向一个独立的、在建筑中央占据支配地位巨大佛塔。在平台之间的墙升到步道平面以上，成为上层步道的护栏。

平台由1300个浮雕雕像装饰，雕刻的是描述佛陀生前生活的文字和菩萨的历史故事等各种场景。寺庙在11世纪被弃置。

在圆形平台上的一个佛塔，雕有佛陀的雕像，760—847年。爪哇岛，印度尼西亚。

从地平面向上升起五个方形平台，再上面是三个圆形平台，圆形平台上有72个佛塔。

婆罗浮屠寺航拍图，760—847年。爪哇岛，印度尼西亚。

在1991年被联合国教科文组织列为世界遗产后，婆罗浮屠经过了大规模修复。

克久拉霍

在印度北部的中央邦（Madhya Pradesh）东部的森林中，印度次大陆保存最好的神庙群之一的克久拉霍（Khajuraho）就坐落在这里。作为一个盛产枣椰树（它的名字来自于Khajur，或者"枣椰"）并作为10—12世纪昌德拉王朝（Chandella）首都的城市，它在19世纪时仍旧与世隔绝，并且默默无闻。由于位置偏僻，使它没有被频繁入侵印度的伊斯兰人发现。85座印度教和耆那教的神庙使克久拉霍的建筑群独一无二，它们中的大部分是由中央邦昌德拉的拉杰普特人（Rajput）的国王们在950至1050年间建成的，他们推动了建筑和文学的发展。今天，保存下来的神庙有25座，其中的20座状况非常好，它们已经被整修或者修复了几次。

● 爱的寺庙

建造克久拉霍神庙的外观的灵感，来自于白雪覆盖的喜马拉雅山脉，或者是居住在神话中的伽拉萨（Kailash）山的山洞里的湿婆神的家园。所有的建筑都是纳格拉（Nagara）形式（见《认识建筑》第153页），由砂岩建成。它们最显著的特征是同时装饰内外两面的华美的浮雕。装饰的主题包括从再现神明（梵天神、毗湿奴神、湿婆神）到描述仪式、日常生活、战斗和动物的场景。很多形象都呈现非常直观的性爱姿势，这也许与密宗里在性行为中得到的精神意义有关，这是佛教和印度教都有的神秘行为。

一个性爱场景的细部，11世纪。克久拉霍，中央邦，印度。

性爱场景也许仅仅是一个喜悦与多产子嗣的象征，或者它们暗指相对两面（男和女）合而为一的宇宙象征主义。两性的交合模拟宇宙两个创造原则的融合，让参加仪式者自然进入和谐并且脱离轮回，从而达到涅槃，离开已死的身体。

帕尔斯瓦那特神庙（Parsvanath），约954年。克久拉霍，中央邦，印度。

标准的神庙有四个基本部分：入口门廊（ardh-madhap）、集会大厅（mandap）、通向圣坛（garba-griha）的前厅（antaral）和供奉神像的圣坛。大型的神庙还有一个为普拉达卡西纳（pradakshina）仪式而设的回廊，普拉达卡西纳是绕着神像边行走边祈祷的仪式。集会大厅不仅修饰神庙，同时也是一个容纳参加仪式者的地方。

希尔德斯海姆

当路德维希·庇护（Ludwig the Pius）于815年将希尔德斯海姆（Hildesheim，下萨克森州，德国）定为主教辖区后，这里成为了奥托时代最重要的建筑地点之一，圣米歇尔教堂（St. Michael）在第二次世界大战中曾屡遭到破坏，现在已被修复。这个修道院建筑群建造于11世纪的头10年，这10年也是这个城市最具政治重要性的时期（不过，它在接下来的数个世纪里仍然繁荣）。

圣米歇尔修道院教堂的东侧袖廊，1010—1033年。希尔德斯海姆，下萨克森州，德国。

这座建筑的特点之一就是其东西两个袖廊之间完美的对称关系。

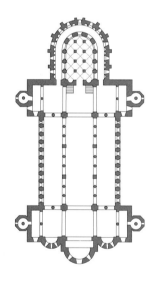

希尔德斯海姆的圣米歇尔修道院教堂的室内。希尔德斯海姆，下萨克森州，德国。

原来的柱头部分被替换了，在一系列圆窗以下也没有曾绘过壁画的痕迹。额外的装饰可以追溯到1162年的火灾以后，是按照修道院长狄奥多里克（Theodoric，1179—1203年）的倡议而添加的。

希尔德斯海姆的圣米歇尔修道院教堂平面图。

一项对比例的详细研究表明，修道院从希腊—罗马建筑中获取了灵感。参考了希腊—罗马形式的是袖廊交叉处的跨度处理，这个形式控制了整个建筑，并且在中间的正厅重复出现了三次。

● 圣伯恩沃德和圣米歇尔修道院教堂

原来的圣米歇尔教堂是以伯恩沃德（Bernward，约960—1022年）的雕像为中心，伯恩沃德从993年起成为这座城市的主教，他同时也是政府的首脑。正是他建立了这座修道院并设计了防御性围墙，围墙的一部分一直保存到现在。作为一个非常博学的人，伯恩沃德是奥托三世（Otto III，980—1002年）皇帝幼时的导师。因为他的兴趣，不仅建造了显赫的修道院，也使得城里的大教堂得到装饰和扩建；后者包括了一个车间，1015年在那里面造出了著名的花饰铜门，铜门原来打算用在修道院，后来却用在了大教堂自身。尽管修道院在1162年遭受火灾并且后来损毁，圣米歇尔修道院教堂仍旧保持着和伯恩沃德时期完全相同的平面。教堂建筑群有着三个中厅、两个圣坛和两个袖廊，以修道院教堂为中心，原来是用来作为萨克森教区的第一个本笃会修道院的。建筑的东部有着三个半圆殿，而住着皇帝的西端是一个建造在地下室上方的像大厅一样的复杂建筑，具有教堂西立面的早期特征（见《认识建筑》第129页）。在外部，四个带有圆锥形顶部的圆柱形塔楼布置在多边形的基座上，紧靠着袖廊，在十字交叉处的两个塔使建筑看上去就像一座小城市。纵向的室内清晰地分为三个开间，按照萨克森地区的习惯，将一根大方柱与两根小圆柱交替布置。

克吕尼和西多

勃艮第的两座大修道院于 17 至 19 世纪之间损毁，这两座建筑分别代表着两种截然不同的建筑特点和宗教观念。克吕尼修道院（Cluny），自两个不同教派之中更古老的那个本笃会的改革开始，它的宏伟反映了教会的富足和在世界上的威望。另一个教派，由法国僧侣圣伯尔纳·德·克莱尔沃（Bernard de Clairvaus，1091—1153 年）创立的西多会，则反对这种情况，他希望通过改良礼拜仪式和在鼓励在田里劳作而自给自足的改革，来复兴"真正的"基督教本质——它的原旨和圣本笃教规。西多（Cîteaux）的修道院由一个与圣伯尔纳齐名的人物——罗贝尔·德莫莱斯米（Robert de Molesme）建造。

修道院保留下来的南侧袖廊和八角塔，12 世纪的头 10 年。克吕尼，勃艮第，法国。

克吕尼修道院在 12 世纪中期的设计图，自肯尼斯·康坦特（Kenneth J. Conant）。

克吕尼修道院分三期建造，在一个建造于 926 年被圣化的小教堂之上建造了克吕尼第二修道院（955—981 年，重建于 1000 年）。这是一个有着三个中厅、一个袖廊、一个伸长的圣坛和侧部建筑的巴西利卡。壮丽的克吕尼第三修道院，始建于 11 世纪末期，并在 1130 年被圣化，有五个中厅和两个袖廊。

● 克吕尼修道院

克吕尼由阿基坦（Aquitaine）的威廉公爵于 910 年建造，它渐渐变得富裕与强大，并在修道院长雨果（Hugo，1049—1109 年）统治时期达到顶峰。由于直接依靠圣主教，使得修道院免受任何世俗权力的束缚。这一不同寻常的地位由奥多（Odo，927—942 年）制定的，作为第一任修道院长贝尔农（Bernon）的继任者，他又增建了几个附属于克吕尼修道院的修道院，并且强迫它们遵循本笃会教规。这样一个庞大的建筑群如今仅仅剩下克吕尼第三修道院的南侧袖廊的底座和其八角形塔（祝福水之塔）。就好像要与君士坦丁的老圣彼得巴西利卡相抗衡，克吕尼第三修道院是整个中世纪欧洲最大的宗教建筑，教堂前厅长达 187 米。

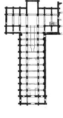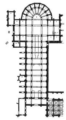

从上左开始：
西多第二修道院平面（1130—1140 年）；西多第三修道院平面（在 1193 年被圣化）；克莱尔沃第二修道院平面（1135—1145 年）；克莱尔沃第三修道院平面（1154—1174 年）。

在英格兰籍修道院长斯蒂芬·哈丁（Stephen Harding）的管理下，西多建立了四个重要的西多会统治的分支：1193 年的费尔泰—叙尔—格罗纳派（Ferté-sur-Grosne）、1114 年的普安蒂尼派（Pointigny）、克莱尔沃派，以及 1115 年的莫里曼派（Morimand），这些都接近于"总部"修道院。

● 西多修道院

简朴的西多修道院与富裕的克吕尼修道院形成强烈对比。最初建造在这块基地上的小教堂大约只有 15 米长 5 米宽，有三个中厅，以一个多边形的圣坛收尾，这座建筑可以追溯到 1106 年（西多第一修道院）。在 1130 年到 1140 年之间，这个建筑根据一个后来成为标准的西多会建筑式样的方案来扩建：一个拉丁十字平面，模数化的柱跨按直线形重复排列，并以一个直线形的圣坛结束，这个圣坛很小，和袖廊左翼一样扩建于 1193 年。

丰特奈

丰特奈（Fontenay）修道院被认为也许是保存最好的早期西多会建筑之一，它较之后期的建筑更能反映由圣伯尔纳·克莱尔沃创立的教规的艺术原则。它的概念是基于一种特殊的解释世界、人类历史和神造物的方式：宇宙的起源与本质是神的意志，因此，造物主根据这个原则，并依照数学和音乐能表现的和谐与美的关系，精心组织了整个宇宙（见《认识建筑》第20—23页）。因此，修道院建筑必然会以其缩小比例的建造来反映这个原则。

修道院的主立面，12 世纪的前半叶。丰特奈，勃艮第，法国。

门廊底部的石质底座仍依稀可见。

● 建筑

修道院于1119年由修道院长戈德弗鲁瓦（Godefroy）在勃艮第建造，圣伯尔纳在世时扩大并重建。1139 年，第二任修道院长纪尧姆·德埃皮里（Guillaume d'Epiry, 1132—1154 年）迎来了诺里奇（Norwich）的厄布拉德（Ebrard）主教和他在财政上的慷慨支持，主教为修道院的重建捐了款。教皇尤金三世（Eugenius Ⅲ）于 1147 年为新的修道院祝圣。教堂的平面是一个有三个中厅的拉丁十字形平面。最初在正立面前的门廊已经没有了。室内分为 8 个开间，每个跨度内都带券顶和尖顶拱，从倚着大柱的半柱位置起拱。由于没有高侧窗，建筑只能从狭小的侧中厅和在主立面与圣坛的窗采光。在修道院袖廊两端各有两个小祈祷堂。

回廊有双柱装饰，许多柱头是由一块整石雕刻而成。修道院食堂早在8世纪就曾重修，1750 年再次重建。

修道院的回廊，12 世纪前半叶。丰特奈，勃艮第，法国。

修道院室内，12 世纪的前半叶。丰特奈，勃艮第，法国。

达勒姆

达勒姆（Durham）是一个盎格鲁—撒克逊人文化发源的小镇（在英格兰北部的同名郡内），始建于诺曼人入侵前一个世纪的995年。诺曼人将小镇彻底重建，达勒姆从11世纪到13世纪一直都是重要的城市中心，一个圣公会的主教教区，也是一个建于1096年前并且在13世纪仍旧使用的文抄间的基地。原来由木头建成的大城堡的剩余部分，被改造成主教的宫殿。达勒姆另一栋出名的建筑是天主教堂，是早期法国哥特式教堂的先驱。它的历史与隐修士圣卡思伯特（Cuthbert）的祭祀交织在一起，圣卡思伯特是林迪斯法恩（Lindisfarne）的凯尔特主教（685—687年），他的遗物于995年被带到达勒姆，使这座城市变成一个朝拜圣地，被人们称为"圣卡思伯特的土地"。

城堡景象，13世纪。达勒姆，达勒姆郡，英国。

尽管在13世纪中叶失火后曾被修整过，它仍旧是从罗曼时期开始英格兰最富丽堂皇的建筑之一。

天主教堂中厅内向东望，始建于1093年。达勒姆，达勒姆郡，英国。

入口门廊的细部，约1153—1195年。 达勒姆，达勒姆郡，英国。

为朝圣者而建的门厅建在天主教堂的西端，由帕德西（Pudsey）的休（Hugh）主教倡议建造，其主要特色是四排由纤细的柱子支撑的拱廊，拱廊是作为防止倒塌的防范措施而在1420年建造的，使建筑更加坚固。

● 天主教堂

这座诺曼人的罗马式天主教堂，分期建造在一座原来的盎格鲁—撒克逊建筑的区域内，它的平面是巴西利卡式，有三个中厅和一个袖廊，在交叉处上方建一座塔，在主立面上有数座塔。在罗曼风格晚期和哥特时期，它的外观因部分被改动和增建而有所改变；增建的部分（约1153—1195年间）包括了另一个袖廊和一个门廊，那是一个在主建筑前面的门廊，可以为那些不允许进入的朝圣者提供遮蔽。这个建筑是第一座完全由石券做屋顶的建筑，这是以高度的精确性和专业的石头切割技术为基础的。罗曼风格的半圆殿后来被一个唱诗班席和袖廊所代替。

摩德纳

最早在摩德纳（Modena）定居的是利古里亚人，后来是伊特鲁里亚人。在罗马时期，摩德纳是一座繁荣的城市，在7世纪成为了一个主教教区。

城墙在9世纪初首次建成，中世纪时期摩德纳的城市结构开始以伊米莉亚（Emilia）大道为轴线发展起来。后来被大范围修整过的城镇大厅就可以追溯到这个时候。这个城市自中世纪以来的最古老的遗迹、同时也是到目前为止最重要的遗迹是它的主教座堂，该教堂是欧洲最好的罗曼风格建筑杰作之一。

兰弗朗科，大教堂，1099—1106年。摩德纳，意大利。

混合屋顶的设计由两侧扶壁强调竖向，它们在立面上与中厅呼应；水平方向上，被拱围压的三分竖棂窗的楼座，赋予立面强烈的明暗对比效果。立面的中轴线由玫瑰花窗统领（从哥特时期开始），而主入口上面有一个门廊（prothyrum）和一个"小房子"（edicule）。柱形的石狮由维利格莫雕刻。

大教堂室内，12世纪。摩德纳，意大利。

建筑师兰弗朗科督造摩德纳大教堂，13世纪早期的细密画。大教堂档案馆，摩德纳，意大利。

● 大教堂

摩德纳大教堂〔于1099年5月23日动工，并在1184年由教皇卢西乌斯（Lucius III）三世祝圣〕建造在一座可以追溯到10世纪的教堂的基础上，于1106年彻底完工，当时在托斯卡纳区女伯爵玛蒂尔德（Matilde）面前，圣格米尼亚努斯（St. Geminianus）的遗物被安置在这里。为了建造这个庞然大物，摩德纳人请来了建筑师兰弗朗科（Lanfranco）和雕塑家维利格莫（Wiligelmo），后者在主立面上创作的浮雕是一个波河河谷（Po Valley）罗曼式的杰作。虽然对兰弗朗科所知甚少，但是他设计了88米高的吉兰蒂那（Ghirlandina）钟塔。

大教堂室内分为三个中厅，砖砌柱与大理石柱交替排列，而假女士楼座处的立面上重复着三分竖棂窗的主题。雕刻装饰主要集中在主立面和室内的十字架墙面处。

比萨

作为一个海上的共和国，具有强大的政治和军事力量，比萨是与整个环地中海地区以及小亚细亚进行商贸交易的繁荣的中心。它的中世纪城市脉络至今仍存，那些塔式民居、众多教堂以及最著名的奇迹广场（Piazza dei Miracoli）的地标性建筑：洗礼堂、钟塔、大教堂和墓园，都堪称是原创风格的精美样本。

比萨同时也将设计了大教堂的建筑师的名字传了下来（这在当时是罕见的），他们是布舍托（Buscheto）和雷纳尔多（Rainaldo），他们的名字被刻在那些伟大的古建筑的立面上。

大教堂的室内，向半圆殿方向看，12 世纪。比萨，意大利。

教堂有五个中厅，由水平向的灰色和白色饰带组成装饰，这种装饰同样也可在洗礼堂看到。精致的柱子支撑着墙，由一个专为女士保留的楼座（女士的楼座）连接，它伸展至袖廊的翼部。

洗礼堂的室内，1153—1364 年。比萨，意大利。

中间是洗礼池，在左侧的大理石布道坛是由尼古拉·皮萨诺于 1260 年雕刻的。

比萨斜塔，镶嵌画细部表现了比萨的圣托伦蒂诺（St. Tolentino），14 世纪。比萨，圣尼古拉，意大利。

这幅珍贵的画作表现了 14 世纪比萨城的景观，城墙内部有清晰的教堂和钟塔的轮廓。在它们后面的是典型的塔式住宅。

奇迹广场的纪念建筑景观。比萨，意大利。

在这个大广场上，光线在白色大理石和像贵重的首饰盒那样复杂的窗饰间若隐若现，形成了虚与实的和谐表演（《认识建筑》第 19 页图片），在图中，从右到左：斜塔；大教堂和它巨大的分为三中厅的袖廊和穹顶（第 76 页图片）；洗礼堂和直径达 18 米的大炮塔。

● 一座"全大理石"的建筑

比萨大教堂，一个覆盖着 48 米高的椭圆形穹顶的巨大建筑，是比萨海军在西西里海域击败了撒拉逊（Saracen）海军后建造的。大教堂是由布舍托于 1063 年在一个更老的献给圣莱帕雷塔（St. Reparata）的建筑残迹上开始建造的，大教堂最终由雷纳尔多完成，并且由教皇杰拉西奥二世（Gelasio II）于 1118 年祝圣。这是一座大理石的神庙，它的巨大规模并未影响它的协调与精致，大教堂立刻成为这座城市和周围地区许多罗曼式教堂模仿的样本，包括卢卡、皮斯托亚，以及当时由比萨控制的撒丁岛和科西嘉岛。

● 钟塔

钟塔始建于 1174 年并于 1372 年完工，它以"比萨斜塔"之名而闻名于世。它在形式上类似于拉韦纳的钟塔。尽管未能确认建筑师，但传统上一般认为是由博南诺·皮萨诺（Bonanno Pisano）设计的。

● 洗礼堂

洗礼堂由建筑师迪奥蒂萨尔维（Diotisalvi）于 1153 年开始建造，建筑是圆柱形的，而不是洗礼堂通常的八角形。迪奥蒂萨尔维设计了建筑的第一层，而大约在 1273 年尼古拉·皮萨诺（Nicola Pisano）和他的儿子乔瓦尼（Giovanni）建造了中间的凉廊。该建筑在 1365 年与炮塔一起完工。

● 墓园

墓园由乔瓦尼·迪西莫内（Giovanni di Simone）于 1278 年设计，而其凉廊的透空窗（见《认识建筑》第 75 页和第 76 页）是在 15 世纪初完成的，后来被部分改造过。

后来，教堂被由布法尔马克（Buffalmacco）、皮耶科·迪普齐奥（Pieco di Puccio）和贝诺佐·戈佐里（Benozzo Gozzoli）完成的一圈重要的壁画来装饰。

阿尔勒

有着古老传统的阿尔勒（Arles）城，位于法国南部罗讷河三角洲地区，希腊人于公元前6世纪在此定居，尤利乌斯·恺撒曾在此殖民。三个世纪以后，在395年，它成为高卢人的辖区。阿尔勒在258年成为指定的主教教区，作为阿尔勒王国的首都在10世纪扮演了重要的角色，阿尔勒王国包括了普罗旺斯和勃艮第。阿尔勒城在12世纪时成为一座自由城市，18世纪末期被法兰西王国合并后，它失去了这重身份，此后它的重要性日渐衰弱。阿尔勒的城市网格、尤其是城市中的罗马剧院和圆形剧场的遗迹，印证了它的古老历史。这个城市的中世纪遗产反映在不同的建筑上，最值得一提的是于11到15世纪期间分期建成的圣特罗菲姆大教堂（Cathedral Saint-Trophîme）。

圣特罗菲姆大教堂回廊院落和高塔的景象，13世纪。阿尔勒，普罗旺斯，法国。

圣特罗菲姆大教堂局部，13世纪。阿尔勒，普罗旺斯，法国。

● 圣特罗菲姆大教堂

这座罗曼式教堂是献给阿尔勒的首位主教——圣特罗菲姆圣化，迎候去西班牙的圣地亚哥·德孔波斯特拉（Santiago de Compostela）朝圣的人们，它建在一个更早的献给圣斯蒂芬的大教堂（5世纪）的基础上（因此这座教堂今天有两个名字）。

建筑由三个中厅、一个袖廊和一个由回廊围绕的圣坛组成。一座高塔竖立在袖廊的交叉处。立面由一个有丰富雕塑的门廊装饰，雕塑反映了对古典艺术的强烈敏感性，这种敏感性也体现在回廊的装饰雕塑中。

孔克

　　拥有宗教定居点是周围城镇发展的一个充分的理由；当然如果还有其他理由，例如某位圣人令人崇敬的遗物，就会发展得更为迅速。这就是发生在法国中南部阿韦龙（Aveyron）的孔克（Cônques）的情形。孔克修道院于8世纪修建，并立刻从加洛林王朝（Carolingian）君王的保护中受益。866年，宗教信仰得到重视，于是僧侣阿里维斯库斯（Ariviscus）从加龙河的阿让带来了放在一个珍贵的珐琅圣物箱内的圣菲德斯〔Saint Fides，即Sainte-Foy（圣富瓦）〕的遗物，圣菲德斯是一个4世纪时的殉教者。孔克镇和修道院一直繁荣直至14世纪，后因与法国南部的其他宗教教会竞争以及百年战争（1336—1453年），不可避免地衰落。这种衰落在15世纪达到顶峰，那时将这座宗教建筑开始凡俗化；这座宗教建筑在1790年法国大革命时被再次抑制。现在，掩映在中央山脉的森林里的孔克，将其中世纪的建筑遗产几乎原封不动地保存下来。

在圣富瓦修道院中央中厅看半圆形后殿，1050—1130年。孔克，阿韦龙，法国。

孔克镇和圣富瓦修道院景象。孔克，阿韦龙，法国。

孔克镇位于中央山脉，孔克的意思是"海螺"，这个名字来自于其自然景观的形状。

● 修道院

　　修道院是用来献给年轻的殉教者（戴克里先统治时期，只有12岁的圣菲德斯被烧死在树桩上并被砍头）的。修道院和其他重要的教会建筑类似，例如图尔的圣马丁（Saint-Martin）教堂和图卢兹的圣萨蒂南（Saint-Saturnin）教堂。和它们一样，孔克也是一个朝圣者的目的地，并且是前往西班牙圣地亚哥·德孔波斯特拉（第254—265页）途中的一个驿站。修道院附属于孔克大修道院，始建于1050年并在80年后建成。有一个回廊环绕着圣坛，还有一个沿着教堂的主体和袖廊伸展出的讲坛，让信徒更容易围绕圣人的遗物行走。外部采用朴素而清晰的罗曼形式，而包括回廊和牧师会礼堂在内的室内空间却有着相当数量的雕刻装饰。装饰丰富的门廊在立面上凸显出来，反映的主题为"最后审判"，殉道的圣人也出现在其中。

圣马可巴西利卡

圣马可克巴西利卡的
外立面，1063—1095
年。威尼斯，意大利。

828年，两个名叫特里布诺(Tribuno)和拉斯蒂科（Rustico）的威尼斯商人从埃及的亚历山大偷走了圣马可的尸体，并将之带回威尼斯，交给了当地总督。在没有一个更恰当的地方来将其安置以便让其受到膜拜之前，总督将其保存在自己的宫殿中。正是出于这个原因，在圣扎卡赖亚（San Zaccaria）修女的女修道院里建了一个小礼拜堂，但是在976年，这座礼拜堂连同教堂和宫殿一起都损毁于一次火灾。这却给重建一个同时与圣人以及这座富裕强大的城市相匹配的教堂提供了机会，就是现在我们知道的最杰出的教堂。

圣马可巴西利卡的室
内，看向半圆形后殿。
威尼斯，意大利。

*完成马赛克镶嵌装饰
花费了从12—16世纪
的漫长时间。*

圣马可巴西利卡穹顶的俯视图。

安置穹顶的希腊十字式方案源于拜占庭建筑。

● **巴西利卡**

教堂奠基于1063年，并且虽然巴西利卡已在1094年被祝圣，但直到15世纪，它的装饰工程几乎一直没有停止过。尽管长期以来人们一直相信只有拜占庭的工匠才能够建造巴西利卡（长方形会堂），事实上，圣马可教堂却是由与君士坦丁堡有着文化纽带的本地工人所建。根据最近的研究，建筑的平面并非像有些人认为的来源于有五个穹顶的君士坦丁堡的圣索菲亚教堂，而是源自一个由拜占庭的西奥多西一世（Theodosius Ⅰ）下令建造的教堂，这座教堂现已被毁。圣马可的外立面由于丰富的大理石和马赛克镶嵌而令人震撼（见《认识建筑》第93页插图），同它那独一无二的辉煌的艺术品——镀金铜马一样，铜马是从君士坦丁堡的大跑马场运到威尼斯来的，是第四次十字军东征的掠夺品。通过装饰丰富的前厅之后就进入室内，镀金镶嵌马赛克反射着光芒，就像处在一个精美的首饰盒里。在这里，多种风格协调地混合，反映了可以跨越数个时期的图像设计。

蒙雷阿莱

在西西里地区的巴勒莫城外数公里的地方，有一栋建筑被认为是诺曼建筑的杰作。与威尼斯圣马可巴西利卡相比，蒙雷阿莱 (Monreale) 大教堂反映了拜占庭文化和艺术的影响力在意大利的另一种表达方式。这座建筑的罕见之处在于它协调地将拜占庭镶嵌艺术、阿拉伯建筑风格，以及诺曼式样融合于一身，使这座教堂可以和西西里地区的仅有的几个建筑杰作相媲美，而世界上其他地方则很难找到这样的建筑。

位于回廊南部角落里的阿拉伯风格的喷泉，12 世纪。蒙雷阿莱，巴勒莫，意大利。

大教堂的回廊和靠在大马士革式柱子上的拱是古列尔莫二世时期的原始设计的一部分。

大教堂摩尔风格的半圆形后殿外观，12 世纪。蒙雷阿莱，巴勒莫，意大利。

大教堂镶嵌画和袖廊的天花的细部，12 世纪。蒙雷阿莱，巴勒莫，意大利。

● 大教堂

1174 年，古列尔莫二世 (Guglielmo Ⅱ) 下令建造这座教堂，那时他刚登上王位两年。教堂于 1186 年完成，当时立面上的铜门是委托博南诺·皮萨诺设计的。

这座建筑被设计用作诺曼君主的陵寝，它仍旧保存着古列尔莫一世和古列尔莫二世的石棺。室内有三个中厅，以它辉煌的拜占庭式的镶嵌画和司祭席殿上方的精美木天花而闻名，天花根据标准的伊斯兰技术做成钟乳石状和齿槽单元。在拱顶盆里，万能之主 (Christ Pantocrator) 的雕像从令人眼花缭乱的金色背景里醒目地显现出来。在外部，明显来自于伊斯兰的灵感的、彼相交的拱赋予了半圆形后殿一种动感。

这栋建筑的另一个无价之宝是它的回廊，它曾一度是富裕的本笃会修道院的组成部分，现在已毁。具有典型阿拉伯风格的是喷泉，水从一个雕刻成风格化的棕榈树状的管子里喷出，毫无疑问，它暗示了生命之树以及它的礼物：信仰、富裕和食物。

圣地亚哥·德·孔波斯特拉

在贯穿整个中世纪以及其后的一段时期内，位于加利西亚（西班牙西北部）的圣地亚哥·德·孔波斯特拉教堂都是社会各个阶层的朝圣者的目的地。据传说，圣雅各伯（St. James the Greater，西班牙语的"圣地亚哥"）出现在所有向他祈祷的人的梦里，并且邀请他们在加利西亚相见；据说在那里，有一个农夫在自己的土地上耕种时，看见了像彗星一样的一道闪光划过天空后，就发现了圣人的遗物，这块地被称为"繁星之地"〔Campus stellae，"孔波斯特拉"（Compostela）这个名字就源于此〕，并且在那里建起了一座小教堂。根据另一种传说，一个叫贝拉基（Pelagius）的隐士于 813 年发现了圣雅各伯的墓，而特奥多米尔（Theodomir）主教将它迁到圣地亚哥现在所在的地方。圣地亚哥在后来的世纪里已发展得具有城市的规模，它先是被诺曼人（968 年）统治，后来又被曼苏尔（al-Mansur）率领的阿拉伯人洗劫（997 年）。之后由迭戈·佩拉泽（Diego Peláez）主教重建，他于 1078 年开始将教堂扩建。大教堂仍然保存着圣雅各伯、福音传道者圣约翰兄弟和在 44 年被杀的第一个基督教殉教者的遗物。

圣地亚哥·德·孔波斯特拉大教堂的立面。加利西亚省，西班牙。

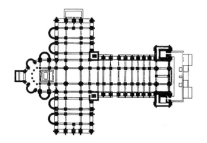

圣地亚哥·德·孔波斯特拉大教堂平面图。

● 小镇

今天的小镇是巴洛克时期全面革新后的结果。但是城市仍旧保留了中世纪的规划，无论是位置上还是象征意义上，大教堂都是小镇的中心。小镇在中世纪的名声可以从圣弗兰塞斯科 1213 年在那里建立了一个圣弗兰塞斯科·德·瓦尔代多斯（San Francesco de Valdeidós）大修道院这个事实来证明。圣地亚哥同样也有一个中世纪的修道院，名为圣马丁·皮纳里奥（San Martín Pinario），建造于 912 年，并且在 16 和 17 世纪间全部重建。

● 大教堂

在建造圣地亚哥的那些年里，这里是在伊斯兰土地上的基督教的前哨。在 1095 年，教皇乌尔班二世将它升为主教教区。在夺回加利西亚省之后，教会希望以有力的偶像膜拜重申基督教的存在，例如对圣雅各伯的膜拜。所有的欧洲人崇敬地遥望着孔波斯特拉，朝拜者的朝圣就像是一种向着光明的征途。在 1120 年，教皇卡利克斯图斯二世（Callixtus II）颁布了一项特殊的赦免承诺，准许任何一个死在圣地亚哥或者途中的人都可以进入天堂。于是大批圣所进一步地发展，使这里成为"西方的耶路撒冷"。尽管主要的修改发生在文艺复兴和巴洛克时期，教堂的平面在本质上仍旧保持了中世纪的样子。前罗马式的天主教巴西利卡的室内基本上保持未变。地下室保存得更好，它的厚重而明晰的建筑形式不仅与柱头和主门窗洞上

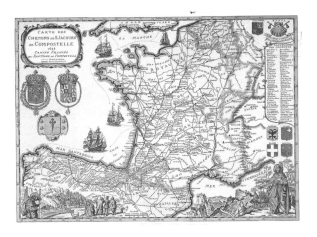

德沃克斯（P. Derveux），《通往孔波斯特拉的朝圣路线图》，1648 年。

这张 17 世纪的地图显示了朝圣者从法国去圣地亚哥·德·孔波斯特拉的路网和休息的地方。

精细的雕刻装饰形成对比，同时也增加了装饰的效果。建造过程耗时很长，从 1075 年开始并贯穿中世纪，最后在 14 世纪末期结束。周围建筑的平面也被明确下来，包括八边形的圣费德（Santa Fede）小礼拜堂和回廊。迭戈·赫尔米雷斯（Deigo Gelmírez，1093—1140 年）主教爆发了创新和发展的热情，他为未来建筑的发展制定了方针。圣地亚哥因此变成了为朝圣者而建的教堂—圣所的原型，拥有丰富壮丽的雕塑；在其中最为卓越的是马埃斯特罗·马特奥（Maestro Mateo）设计的"银匠之门"和"荣耀之门"。

从马埃斯特罗·马特奥的"荣耀之门"通向大教堂的入口，12 世纪末。圣地亚哥·德·孔波斯特拉，加利西亚省，西班牙。

大教堂的室内，11—12 世纪。圣地亚哥·德·孔波斯特拉，加利西亚省，西班牙。

通过女士楼座，朝圣者能够在两边的楼层在教堂的室内行走。

沙特尔

位于巴黎大区（Ile-de-France）、在巴黎西南约 80 公里的沙特尔镇以它的教堂闻名于世，那是罗曼式和哥特式最好的例子。沙特尔从 4 世纪起成为一个主教教区，并在 11 和 12 世纪成为了一个繁荣的商业中心。这得益于位于法国中北部的连接南北（包括里昂、鲁昂和奥尔良）和东西（布卢瓦、勒芒和巴黎）的路网。同时，城市的下城区开始沿着塞纳河的支流厄尔河（Eure）扩张，并且成为了一个繁荣的工匠的市场，与上城区之间以陡峭的小径相连。直到今天，沙特尔仍保留了它中世纪的遗迹：城墙的遗迹、古老的住宅、教堂、郊外的修道院〔圣马丁—迪—瓦尔（Saint-Martin-du-Val）和圣佩尔（Saint-Père）〕，还有最著名的大教堂。在 12 世纪的前半叶，在教堂的周围，曾经建造了一座受新柏拉图学派影响的教会学校，一些中世纪最伟大的哲学家曾在这里学习与教授，他们中包括圣贝尔纳，沙特尔的狄奥多里克（Theodoric）和贝尔纳·西尔韦斯特（Bernard Silvestre）。学校还有一座附属的文抄间，这座文抄间非常重要，它甚至形成了自己的关于细密画的学派。它在 1140 年达到了顶峰，后来被巴黎超越。

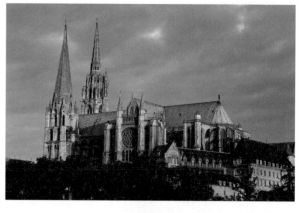

沙特尔大教堂的景象，1194 年后建造，1260 年被祝圣。沙特尔，厄尔—卢瓦，法国。

沙特尔大教堂立面，1134—1194 年。沙特尔，厄尔—卢瓦，法国。

原来的罗曼式立面设计被多次修改，包括加上了玫瑰花窗。但是在国王门廊上的雕刻装饰保持未动。这座建筑以雕刻装饰和建筑设计的整体协调为突出特色，尽管它整体上仍然属于罗曼时期，但是被认为是向哥特式转型的转折点。

● 大教堂

第一份记载这个地方的文件可以追溯到 743 年，尽管它只是报告了原有建筑的毁坏状况。原有的建筑据说就建造在现在的大教堂的基地上，传说基地是在一口古井的上方，那口井被认为是早期基督徒的殉难地。原有教堂的半圆形后殿被认为是建造在这个叫作圣吕班（Saint-Lubin，6 世纪后的主教）的山洞的周围，罗曼式教堂的地下室也建在这里。地下室

和西立面在 1194 年的火灾中幸存，这使得人们有机会重建这座建筑。建造工作超过了 20 年，最终使沙特尔成为其他哥特式教堂难以超越的范本。建造在古地下室（1020—1024 年）上的这座新的献给圣母的沙特尔大教堂有三个宽阔的中厅和一个圣坛，并有一个回廊分成三个小祈祷室。

在中心，一个宽阔的袖廊穿过教堂的主体，在交会处上方没有塔，袖廊的两端

大教堂的室内。沙特尔,厄尔—卢瓦,法国。

这座壮观建筑的每一堵道墙上的彩绘玻璃窗,几乎可以追溯到13世纪,反映了延续的图像设计。

圣坛的外部和飞扶壁,1220年。沙特尔,厄尔—卢瓦,法国。

在南北两侧成为侧立面而结束。沉重的柱子支撑着被拱廊和天窗照亮的墙,室内空间穿过柱子和墙面向上伸展。在圣坛外侧的飞扶壁加强着结构的稳定性,显示出卓越的建造技术。

这座建筑另一个惊人的地方在于它有着超常的规模、辉煌的彩绘玻璃窗,以及入口窗洞和侧立面上尤为丰富精细的雕刻装饰,美丽无比。

从钟塔看大教堂的彩绘玻璃窗,12世纪。沙特尔,厄尔—卢瓦,法国。

贝内德托·安特拉米

洗礼堂的室内。帕尔马，意大利。

与外面的八边形不同，建筑的室内平面是十边形的。

建筑师的专业性总是一半来自实践，一半来自理论。然而在中世纪，作坊提供了与将要流行的形式和材料直接接触的机会，成为里面的学徒是进入艺术圈不可缺少的一环。因此，一个建筑师的训练远远超出了建筑本身的领域，这可以解释为什么贝内德托·安特拉米（Benedetto Antelami，活跃于 1178 年到 1230 年间）不仅仅是一个建筑师，同时也是雕塑家，也许还算是个金匠。

贝内德托·安特拉米，洗礼堂，1198 年（在 1321 年后完工）。帕尔马，意大利。

贝内德托·安特拉米，洗礼堂北门廊，1198 年（在 1321 年后完工）。帕尔马，意大利。

在半圆壁的中央雕刻了"圣母子登位"和"贤士来朝"。在另外两个门廊上，安特拉米雕刻了《最后的审判》中的耶稣（西门廊），以及白尔拉木（Barlaam）和约萨法特（Josaphat）的传说（南门廊）。

贝内德托·安特拉米，《耶稣降架》，细部与艺术家的签名，1178 年。大教堂，帕尔马，意大利。

● 生平

对于这个艺术家我们所知甚少。唯一可以确定的信息来自于他在一些作品上留下的铭记，比如他在 1178 年为帕尔马大教堂雕刻的浮雕《耶稣降架》签下的名字和日期。通过这个作品，同时也通过另一块严重风化但仍可辨认的雕刻石板所提供的证据，我们有可能证明这件作品是一个受难十字架场景的布道坛的一部分，整个都是由贝内德托设计的，他具有雕刻家和建筑师的双重能力。"安特拉米"这个名字在铭记中出现，也许暗示这个艺术家属于一个叫作"安特拉米执事"（Magistri Antelami）的团体，关于这个团体仅能找到 1439 年的信息。"安特拉米"是一个早期中世纪地区的名字，指的是因特维山谷（Intelvi），它位于科莫湖和卢加诺湖之间，贝内德托也许是从那里来的。另一个假设是这位大师来自于热那亚，那些建筑工匠也在那里工作过。但是这些都没有能够揭示这位艺术家的生平和训练。根据风格的元素，评论家认为他熟悉沙特尔大教堂和巴黎圣母院，并且他在普罗旺斯待过，也许雕刻过阿尔勒的圣特罗菲米教堂的一些柱头。

贝内德托·安特拉米,《九月》,1215 年。帕尔马,意大利。

这件作品是月份与季节的循环的组成部分,它与其他部分一起仍旧保存在洗礼堂里。16 件浮雕分别位于室内建筑的 16 个区,安置在穹顶的拱墩的高度。虽然法国那些无名工匠做出了最具革命性的建筑成就,但是安特拉米的将建筑与雕塑和谐统一的能力,使他成为他那个时代的大师。

大教堂的立面细部,1178—1196 年。菲登扎,帕尔马,意大利。

这件作品普遍认为是由大师的助手们完成的,但是他曾参与。在这个罗曼式建筑中还有沙特尔的影响。

● 帕尔马洗礼堂

　　1196 年在北门廊的楣梁上有签名和日期的帕尔马的洗礼堂,是安特拉米的杰作,也是意大利最伟大的哥特式纪念建筑之一。虽然在 1216 年就已经进行了第一次庆祝洗礼仪式,实际上直到 1321 年,建筑师傅们在完成屋顶和小尖塔,以及前面的栏杆和一排雅致的盲券后才完全竣工。传统的八边形平面的建筑的外部用维罗纳大理石板包覆。带有一种惊人的明暗对比效果的外露的廊道与有着安特拉米自己雕刻的三个门廊的布局,传达了一种运动的节奏感,而室内雕饰的很大部分也是安特拉米所做。

● 菲登扎大教堂

　　在 1178 年到 1196 年间的某个时间里,菲登扎大教堂(Fidenza)的"现代化"开始了。看起来更像是安特拉米助手的工作,而不是大师本人。依据维利格莫(Wiligelmo)和兰弗朗科(Lanfranco)的传统原则,这座沿着艾米利亚大道的大教堂是一个砖砌的建筑。安特拉米和他的助手采用了石头并且设计了新立面,包括三个雕刻精美的门廊,围绕着它们的是按照最新的法国哥特式风格设计的两座塔楼。

维朗 · 德 · 奥内库尔

建筑学被认为是一项机械艺术（也就是应用技术），在中世纪时已发展出复杂的理论化的体系，这些理论的很大一部分在精于不同施工程序的工匠口中传承。然而有时技术和艺术原则也会被书面记录下来，汇总成为工作参考指南。其中沿用至今的最重要的是维朗·德·奥内库尔（Villard de Honnecourt）的笔记。

兰斯主教堂拱顶礼拜堂的外部景象，1220—1241 年。兰斯，马恩省，法国。

拉昂大教堂西塔楼的细部，1150—1210 年。拉昂，皮卡第大区，法国。

● 旅行的一生

他的一生很少为我们所知，但是我们从他的"笔记本"的记录中获得一些信息。在里面艺术家提到许多事情，其中包括他去过匈牙利，见到一个教堂的地板，并把它画在指南中。他活跃在 13 世纪，很可能来自于诺曼底的皮卡第地区，也许来自于奥内库尔—苏尔—埃斯科镇（Honnecourt–sur–Escaut），在那里曾有一个修道院，在第一次世界大战中被摧毁。维朗（根据他的解释）来自一大群建筑工程师之中，他一定受过建筑师的训练，并且由于对艺术的兴趣而开始了他的旅程。他写道："我已经到过很多国家，你可以从这本书里看出来。"很明显，维朗说的是事实，因为这本笔记本不仅仅讲述了他的许多次旅行，也包括了他参观过的建筑的素描。在见识了沙特尔的玫瑰窗之后，他去了兰斯，他在那里待了一段时

间，然后去了拉昂，他称赞了那里教堂塔楼的美丽。他还去过其他的一些地方。他的兴趣完全不是纯理论的，相反，理论在建筑师的专业里占据次要的位置。换句话说，维朗一定造了许多建筑，而且有许多是在他自己的家乡。

● 笔记本

这部作品的真正名称并非广为人知的"笔记本"（Notebook，现存于巴黎国家图书馆），而是《记述之书》〔Livre de portraiture（Book of Descriptions）〕。作品包括所记载工程的文字和素描，完全基于第一手体验（见《认识建筑》第 23 页插图）。所用的语气就像一本给渴望学习建筑艺术秘密的学徒的指南。材料的选择非常地有技巧，涵盖的范围使人印象深刻：从几何学到建筑制图，从对建筑机械的描述到对装饰的定义，以及创造装饰纹样

的几何画法。所有的一切都用尽可能清晰而没有冗余的语言来描述。甚至，这本书作为一本可以供建筑师在真实项目上使用的指南，可以通过完全是黑白图片这一点体现出来，当然，制作经费有限可能也是部分原因。所有这些明确地表明维朗的《记述之书》不是一个用来放在架子上积灰的作品。作者本人选择了所有的例子，用来图示建筑革新和特殊的建筑方法。在他去沙特尔、兰斯和拉昂的旅行中，那些大教堂仍旧在建设过程中，沙特尔正在进行火灾后的重建。维朗扮演的角色既不是一个旅行者，也不是艺术史家，而是以他的建筑师和工程师的专业视角来严谨地观察工地。另外，为了向他的学徒提供完整的信息，他的关注点涵盖了从如何搭建施工机械构架到人像的表达。

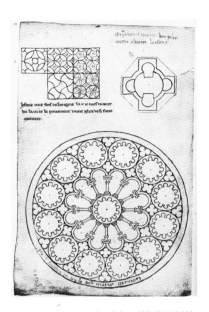

维朗·德·奥内库尔，《一个匈牙利教堂的地板》，以兰斯教堂的柱子和沙特尔教堂的玫瑰窗为基础，引自《记述之书》，1220—1235 年。国家图书馆，巴黎，法国。

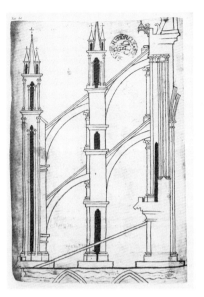

维朗·德·奥内库尔，《兰斯主教堂拱顶礼拜堂外墙和侧向斜券的剖面》，引自《记述之书》，1220—1235 年。法国国家图书馆，巴黎，法国。

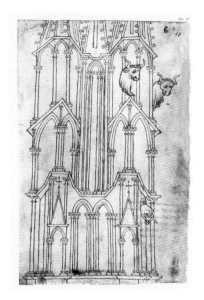

维朗·德·奥内库尔，《拉昂大教堂西塔楼》，引自《记述之书》，1220—1235 年。国家图书馆，巴黎，法国。

维朗·德·奥内库尔，《装饰主题的绘画》，引自《记述之书》，1220—1235 年。国家图书馆，巴黎，法国。

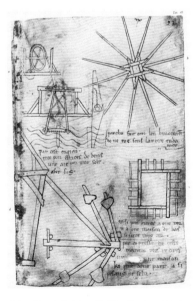

维朗·德·奥内库尔，《机械和装置》，引自《记述之书》，1220—1235 年。国家图书馆，巴黎，法国。

锡耶纳大教堂和奥尔维耶托大教堂

想找到这样两件在精神和历史上如此不同，而在形式和类型上如此接近的建筑作品是很难的事。锡耶纳大教堂建在一个政治混乱的城市，成为托斯卡纳吉伯林派（Ghibellines，亲帝国）对抗佛罗伦萨的据点，直到被教皇逐出教会。奥尔维耶托大教堂则相反，它建在一个归尔甫派（Guelph，亲教皇）的城市——虽然分裂成许多对立的小团体，但仍是一个教皇宫殿的所在地。这两个建筑都是意大利的罗曼式—哥特式的杰作，但是前者几乎作为对当时制度的挑战而建造（它仍保持其古代的功能，即献给圣母——"城市的女王"），而后者是 1157 年教皇哈德里安四世（Hadrian IV）承认奥尔维耶托的公国地位后建造起来，以彰显奥尔维耶托所采用的与罗马元老院制度相似的政策所获得的成就。如果这些是其不同的地方，它们的相同点则更为明显。为了解决奥尔维耶托市主教堂的问题，他们请来了锡耶纳的雕塑家与建筑师洛伦佐·马伊塔尼（Lorenzo Maitani），他十分熟悉自己城市的大教堂的布局；除此以外，当锡耶纳在 1376 年完成他们大教堂立面的时候，他们其实从奥尔维耶托的大教堂立面汲取了灵感。

大教堂全景，1215—1376 年之后。锡耶纳，意大利。

黑白条纹并非受到来自于托斯卡纳比萨人的罗曼式主导风格的影响，而是反映了锡耶纳黑白旗帜（见《认识建筑》第 103 页插图）纹章的主题。

大教堂的室内，1215—1376 年之后。锡耶纳，意大利。

在前景看到的是华丽的 15 世纪拼花地板，背景是柱子和黑白条纹的大理石饰面。

大教堂外景，1290—1330年之后。奥尔维耶托，意大利。

里面上面与中间的壁柱和门廊的壁柱相称，与锡耶纳的壁柱不同，其差异因复杂的历史原因造成。

大教堂南门廊的细部。奥尔维耶托，意大利。

选择黑白的序列的灵感来自锡耶纳大教堂。

● 锡耶纳大教堂

锡耶纳大教堂出现于9世纪历史的混乱状态下，那时有一座献给圣母的教堂，占据了后来主教堂加建基地的一部分，这座献给圣母的教堂据说是建造在原先的密涅瓦（Minerva，古罗马宗教信奉的智慧、技术和工艺女神）神庙之上。直到12世纪末，新的大教堂才有了一个面向古代医院的正立面，它强调了祈祷者与受难之间的关系。教堂的某些部分一定曾在1215年之前被使用过，因为有记录表明在那一年有一个弥撒在那里举行。室内在1264年开始使用，而新立面的规划在1284年左右开始。锡耶纳人转而找乔瓦尼·皮萨诺（Giovanni Pisano），他亲自参与了建筑后半部分的工程，直到1296年。从那以后，立面建造的工作中断了80年，因为锡耶纳人计划把这座建筑建造成基督世界里最大的教堂，所以已完成的部分只是左边的袖廊。他们甚至想与罗马的圣彼得大教堂竞争，但是宏大的计划变得难以实现；最后决定根据1340到1350的主营造者乔瓦尼·德阿戈斯蒂诺（Giovanni d'Agostino）的原有的设计完成。由乔瓦尼·迪塞科（Giovanni di Cecco）完成的立面下半部用罗曼式而上半部用华丽的哥特式风格，这种显著的风格差异，以及玫瑰窗两侧的小尖塔和中央门廊的壁柱的关系不对位，都反映了这些不断出现变更的事件。

● 奥尔维耶托大教堂

奥尔维耶托大教堂的历史没有这么复杂。它由佩鲁贾的弗拉·贝维纳特（Fra Bevignate da Perugia）在1290年开始建造，并从1300年起由乌古齐奥尼·达奥尔维耶托（Uguccione da Orvieto）用哥特式风格接续。当它的墙变得明显不稳定时，洛伦佐·马伊塔尼（1275—1330年）被召来。他在1310年被委任为"总建筑师"（universalis caputmagister）。他不仅利用侧向斜拱解决了半圆殿的问题，还设计并且施工了正立面。马伊塔尼很有可能还是负责雕塑门廊四个壁柱上精美浮雕的雕塑家。大教堂的室内与给予它灵感的锡耶纳大教堂没有多大的不同，除了天花采用了桁构梁结构。

托迪

托迪城坐落在一个小山上，俯瞰着台伯河。与任何地方相比，它的中世纪城市和建筑规划都算是保存比较完好的，经过了 19 世纪仍基本上保持不变。托迪在 12 世纪是一个公国，在 1240 年作为归尔甫派的城市对抗腓特烈二世。它在政治上的重要性从 14 世纪开始降低，在不同家族的统治下逐步丧失了自由。城市由壮观的中世纪城墙环绕，其中一部分被完整地保存下来，它的宗教和政治中心在它所在的小山的山顶上。

围绕由长方形延展而成的 L 形广场，矗立着象征政治权力的宫殿和大教堂，和主教的府邸一道，占据着该建筑群最高和最北的部分。

残存的中世纪城墙，1224 年。托迪，意大利。

人民宫和首府宫。托迪，意大利。

大教堂立面，11—14 世纪。托迪，意大利。

● 公众的宫殿

围绕着广场的建筑中最古老的是人民宫（Palazzo del Popolo），建于 1214 到 1248 年间。地面层是凉廊，上面有两层，顶上是一圈精细的归尔甫式城齿（城垛）。从这里有一条没有栏杆的宽阔道路通向首府宫，它可以追溯到 1290 年。最晚建成的是普里奥利宫，在 1334 到 1337 建造，1514 年修复，它现在仍旧保持原来的结构，包括一个方形的塔楼。

● 大教堂

庄严与和谐的教堂正立面建在一个宽阔的阶梯上方。室内分为三个中厅。大教堂从 12 世纪开始建造，在 13 到 15 纪之间完成。

布鲁日

西佛兰德斯（现在的西比利时）最重要的城市——布鲁日，位于北部海港奥斯坦德的里面。这座在古罗马军营周边发展起来的城市，在 11 世纪作为商业中心，在经济上有很高的重要性。鲍德温五世（BaldwinV）伯爵曾又赋予了它一个新的政治和经济角色。那时这座城市的地理位置出人意料地由于茨温河（Zwyn）洪水而被提升了，使它变成一个天然良港（现在已被淤泥覆盖）。从 13 世纪到 15 世纪的人口激增，证明了这座城市的富有，它吸引了很多教派并且建造了很多公共和私有建筑，这使得这座城市有了与众不同的形象。在这座城市的社会组成中的一个重要部分是女修道者，为她们建造的教堂建于 13 世纪，并在四个世纪后重建。

女修道者是一些没有立誓的妇女，她们集中居住在这个城市的一个特别的区域，并且虔诚而勤勉地生活。

布鲁日值得记载的遗迹众多，名列其中的圣母教堂起建于 13 世纪中叶，靠近当时非常现代的圣约翰医院。

另一个重要的建筑是市政厅（Stadhuis），建于 1376 年至 1420 年之间，因其装饰被归于火焰式哥特风格一类。整个城市肌理被很好地保留，仍旧可以见到许多建于中世纪的漂亮住宅。

一条运河从一栋中世纪的住宅前流过的景象，背景是市政厅钟塔。布鲁日，西佛兰德斯，比利时。

82 米高的市政厅钟塔，始建于 1296 年，建成于 1482 年，成为布鲁日的标志性景观。这座城市因它的可爱的运河而被称为"比利时的威尼斯"，它从很多中世纪的住宅、教堂和宫殿前流过。

女修道者综合楼的外景，建于 1245 年。布鲁日，西佛兰德斯，比利时。

在博格广场上的市政厅，1376—1420 年。布鲁日，西佛兰德斯，比利时。

比利时最古老的市政厅的立面因它的三座小塔、精美的双窗棂窗格和丰富的雕刻装饰而闻名。

坎特伯雷

坎特伯雷是在英格兰保存的最好的中世纪城镇之一，同时也是英格兰圣公会的大主教的所在地。它的城市布置大略呈圆形，由一道城墙围绕，部分城墙至今仍存。坎特伯雷位于英格兰东南，在6世纪是肯特的撒克逊王国的首都，并在597年由修道院长奥古斯丁（由教皇格列高利派来）转为基督教，使其成为一个主教教区并且建成了该教区的重要的地标性建筑。坎特伯雷达教堂是大不列颠最引人注目的建筑之一，它最后的形式是在一

个世纪的岁月中经过各种风格演化而成的。在1070年至1077年间，奥古斯丁建立的教堂由征服者威廉强行任命的大主教帕维亚的兰弗朗科（1003—1089年）所主持建造的一座诺曼式教堂所取代。教堂的灵感来自于诺曼底地区卡昂的圣艾蒂安教堂（Saint-Etienne）那给人以深刻印象的设计，也包括那长方形的塔楼。兰弗朗科曾在那里做主教。由于在诺曼教会里主教也同时是修道院长，兰弗朗科有100多名僧侣随从；为了提供更多的

空间，建筑在1096年扩建，并在一场火灾后，于1175年整个重建。在这次重建中，先由来自法国桑斯的纪尧姆（Guillaume）领导，后来是英国人威廉（William），第一个英格兰诺曼哥特式的实物——唱诗班席建成了。中厅和西袖廊在1377年以晚期哥特风格重建。立面上的北侧塔在接下来的一个世纪里建成，回廊、会谈室、东南侧及中间的塔楼在16世纪初建成。

大教堂景象，12—16世纪。坎特伯雷，肯特，英国。

大教堂中厅，1377年。坎特伯雷，肯特，英国。

正厅以及高高的竖向线条是由当时最伟大的英格兰建筑师亨利·伊夫利（Henry Yevele，1320—1400年）设计的。肋拱在1405年完成。

大教堂的唱诗班席，12—16世纪。坎特伯雷，肯特，英国。

在1170年12月29日，教堂发生了刺杀坎特伯雷的大主教托马斯·贝克特（Thomas Becket）的事件，他在三年后被追封为"圣人"。

吕贝克

霍尔斯滕门（The Holstentor），自 1464 年。吕贝克，石勒苏益格—荷尔斯泰因，德国。

霍尔斯滕城门是城市的庄严门户。

在中世纪时，吕贝克是一个非常重要的城市，这不仅仅对德国而言，它是"汉萨同盟"领导机构（1358 年）所在地。该联盟是一个协调靠近波罗的海和北海的超过 200 个德国城市和商业殖民地的具有巨大的经济力量的贸易协会。他们拥有真正的垄断权，包括有免费卸货权，而同时要求外国商人在他们的港口码头停靠并且缴纳关税。在这种情况下，吕贝克扮演了一个至关重要的角色，是那些从东方驶向西方的普鲁士和立窝尼亚（今天的拉脱维亚）的商船的货物调配的中心。作为 12 世纪初新建的一个小殖民地，吕贝克在 1143 年向更北延伸，虽在 1157 年毁于火灾，但很快在它的统治者狮子亨利的领导下重建。今天城镇的历史中心可以追溯到那个时候。吕贝克的经济和政治增长一方面可以从它获权铸造自己的货币这一事实得到证明；另一方面，从它自 1229 年起建造的壮观的城墙（它的痕迹至今可以看见）也可以得到证明。特拉沃河和韦克内茨河环绕着吕贝克，主广场是它的政治和宗教中心。在那里矗立着市政厅（这个城市直到 1937 年都保持独立）和圣母教堂，后者在一次大火后整个重建。由于内部的争论和优柔寡断，重建工作直到六年后的 1282 年才开始，在 1300 年完工。与此同时，主教堂在城市南边建起。它在 1247 年确立其神圣的地位，尽管其唱诗班席的翻修在 1277 年到 1329 年仍在继续。

包括圣母教堂在内的吕贝克景象。

教堂和市政厅一样，矗立在集市广场上，广场是城市的经济和政治中心，位于贵族区的心脏地带。在 14 世纪初，吕贝克有 25 000 人。

市政厅景象，14 世纪。吕贝克，石勒苏益格—荷尔斯泰因，德国。

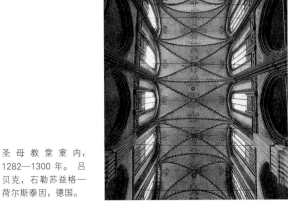

圣母教堂室内，1282—1300 年。吕贝克，石勒苏益格—荷尔斯泰因，德国。

阿诺尔福·迪坎比奥和乔托

把像阿诺尔福·迪坎比奥（Arnolfo di Cambio）和乔托这样两位明显不同的人物的放在一起讨论，是基于最近有推测说两位艺术家曾经共同参与阿西西的上层教堂（Upper Church）的建造。特别是阿诺尔福被认为在那里创作了他的第一幅画，包括两件通常被认为是一个叫艾萨克师傅（Isaac Master）的人的作品。不同的是乔托学过一些基础的建筑学知识，这被运用在他的整个职业生涯中。

阿诺尔福·迪坎比奥，维齐奥宫，1299—1315 年。佛罗伦萨，意大利。

阿诺尔福·迪坎比奥的雕塑，《饥渴的瘸腿人》，出自小喷泉，1277—1281 年。乌尔比诺国家美术馆，佩鲁贾，意大利。

艺术史学家认为，阿诺尔福显然对当时的巴黎雕塑非常熟悉。

阿诺尔福·迪坎比奥，祭坛华盖，1284 年。城墙外的圣保罗教堂，罗马，意大利。

● 阿诺尔福·迪坎比奥

阿诺尔福是一位艺术家，并且还是雕塑家和建筑师，他出生在 1240 到 1245 年间，出生地是科莱·瓦德埃萨（Colle Val d'Elsa），一个离锡耶纳不远的地方。约 1302 年，他在佛罗伦萨去世。尽管他的早期作品以雕塑为主，但是在那时代，艺术家往往会被要求对建筑结构进行设计。佩鲁贾的小喷泉是一个很明显的例子，它在 1308 年被从原址移走，但是阿诺尔福的许多高浮雕作品还保留在那里，并且他还解决了许多建筑方面的问题。另一个类似的例子是布雷主教（Braye）在奥尔维耶托的墓地纪念碑，还有更重要的是，罗马城墙外的圣保罗祭坛华盖（在祭坛上方有柱支撑的天棚）。最近，人们认为他于 14 世纪 90 年代早期在阿西西的

教堂后殿和礼拜堂内景，1294 年。圣克罗齐教堂，佛罗伦萨，意大利。

这座建筑中这些元素和地下墓穴被确认是由阿诺尔福设计的部分。教堂 T 形的十字形袖廊是源自西多会的传统。

圣方济教堂的设计中初次与宗教教会有联系，在同一时期，他承担了他的第一个伟大的建筑项目，即佛罗伦萨的圣克罗齐教堂。根据瓦萨里的考证和仔细的风格比较，佛罗伦萨的维齐奥宫是在一个原有建筑上加建的，并把它和 1299 年开始建造的新的结构结合在一起。宫殿的中央核心部分大约于 1302 年完工，剩下的工作在阿诺尔福死后继续进行，包括一座 95 米高的塔，它在 1310 年开始建造并于 5 年后完工。这座宏伟的纪念性建筑充分显示了阿诺尔福在雕塑上用凿刻和切削来雕凿石块的经验。尽管瓦萨里的记述表明多数工作是阿诺尔福做的，另一份 1300 年 4 月 1 日的文件记录也证明阿诺尔福因为被任命为圣玛利亚主教堂的主建造工匠而可以免交赋税。新的大教堂是在旧建筑圣雷帕莱塔教堂（Santa Reparata）之上修建的，后者与前者结合成一体。这个项目部分由阿诺尔福负责实施，他将部分旧建筑的外墙保留用于新建筑。不幸的是，没有任何痕迹可以体现建筑师对于风格的选择，这是由于 1587 年伯纳多·波翁塔伦蒂（Bernardo Buontalenti）计划运用文艺复兴的美学原则使其变得现代化，从而设法拆毁了原来的建筑。不过平面保留了阿诺尔福·迪坎比奥的设计。

● 乔托

1302 年阿诺尔福去世以后，与他在阿西西工作过的同事乔托被选为继续进行大教堂工程的人。唯一可以确定是建筑师乔托作品的部分是入教堂 84 米高的钟塔。尽管他只完成了下半部六边形图案镶板。这位佛罗伦萨的艺术家不仅是大教堂的主要建造者，而且是市政府指定的佛罗伦萨的防御工事的负责人。

乔托等，圣玛利亚主教堂的钟塔，1334—1359 年。佛罗伦萨，意大利。

圣玛利亚主教堂的平面，1296—1468 年。

这张图纸表达出新的教堂是如何与原有的圣雷帕莱塔教堂相结合的。

帕勒尔家族

当我们今天想到一个建筑师时，我们会想到一个独立的形象，他大部分时间会与助手们在他的工作室里一起工作。然而在过去，建筑专业人士通常是几代人子承父业的。

家族的名字叫帕勒尔并非偶然，这个名字源于德语"parlier"，意为主要建造者的第一助手。事实上，帕勒尔也是中世纪一个伟大的建筑师家族的名字。帕勒尔家族起源于莱茵兰德（德国西部），他们在14世纪到15世纪初期活跃在欧洲很多地区，他们的影响力如此之大，以至于德国晚期哥特有一个独特的风格变种被称为"帕勒尔时期"风格。

这个家族最重要的成员是海因里希和他的儿子彼得和约翰。

圣母教堂外观，1350—1358年。纽伦堡，德国。

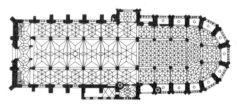

圣十字教堂的平面，1330—1351年。施瓦本格明德，德国。

从回廊看厅堂式唱诗班席，14世纪晚期。布赖斯高地区的弗莱堡，巴登—符腾堡州，德国。

● 海因里希·帕勒尔

海因里希·帕勒尔（Heinrich Parler）被认为是这个家族的奠基人，至少在艺术方面。他大约出生在14世纪第一个10年，也许是在科隆。他的最高成就是在施瓦本格明德（Schwäbish Gmünd，位于德国西南部）的献给圣十字教堂。他在那里主持了建筑工地的工作。1333年他肯定在那里工作，那一年有他儿子出世的记录。他的建筑方面的训练使他修改了教堂原来巴西利卡式的平面，变成了"厅堂"式教堂，就像巴黎圣母院一样。海因里希同样也曾在纽伦堡的圣母教堂工作——这座教堂献给圣母玛利亚，并且非常可能也曾在奥格斯堡大教堂——在这里一些

石块显示了帕勒尔家族的宝石勋章：带双虚线的正方形。海因里希·帕勒尔葬在施瓦本格明德。

● 彼得·帕勒尔

帕勒尔家族最有影响力的是彼得（Peter Parler），他出生于1333年，66岁时去世。他在父亲的学校里受训，最初在施瓦本格明德的工地，后来是圣母教堂的工地。在那里他继承他父亲的职位直到1356年。经由皇帝的任命（这座教堂是查理四世下令建造的，他在劳夫的城堡边上建起了这座教堂）使彼得获得了他生命中最重要的职务，即继法国建筑师马蒂厄·德阿拉斯（Mathieu d'Arras）之后

圣维图斯大教堂的门廊，14 世纪晚期。布拉格，捷克。

在旧城的查理大桥和塔的景象，14 世纪。布拉格，捷克。

圣维图斯大教堂的东部，较低的部分由马蒂厄·德·阿拉斯设计，1344—1352年。而天窗和扶壁（1399—1420 年）是彼得·帕勒尔和他儿子们的作品。

布拉格的圣维图斯大教堂（1344—1399 年，后来整修过）的平面。

任布拉格大教堂的工地主管。

仅仅看一看献给圣维图斯的布拉格大教堂的平面图，就足以发现彼得是多么彻底地接受了他父亲的影响。彼得同样也完成了雕刻装饰，这是帕勒尔家族的传统，对与众不同的"帕勒尔"风格做出了贡献。

查理四世还委任彼得建造了一些其他项目，比如通向旧城的布拉格查理大桥立面，由雕塑装饰的塔楼，以及布拉格城堡西翼的屋顶。

● 约翰·帕勒尔

与他的父亲海因里希和兄弟彼得不同，约翰·帕勒尔（Johann Parler）更愿意被叫作格明德的约翰。约翰曾是布赖斯高地区的弗莱堡大教堂的主要建造者。他设计了唱诗班席，以及围绕着多边形室内空间的回廊，最后采用了一个高度原创的解决方案。帕勒尔家族的传统由彼得和约翰的儿子们继承，他们追随着他们的父亲、祖父和叔叔们的足迹。

阿尔罕布拉宫

在西班牙的南部，被地中海附近安达卢西亚的山脉的包围之中，坐落着一片文明高度发达的小平原。在这里，一座名叫格拉纳达的小城被海拔高达700米的内华达山脉的群峰拱卫着。平原和小城占据了拉萨比卡山丘附近的达洛河左岸的主导地位，阿拉伯农艺学家们的耕耘，使这个地区有着丰富的水源、森林和园林。

1238年，纳斯尔王朝（Nasrid Dynasty）的缔造者穆罕默德一世（Muhammad Ⅰ，1238—1273年）在这里建起了自己的王宫。这座建筑的基地被周围自然地形很好地保护着，同时也靠近海上逃生的路线。在接下来的一个世纪中几任君主的建设下，这座宫殿被建成了，它是世界上最非凡的建筑群之一，被命名为阿尔罕布拉宫，意为"红色的宫殿"。它由一部分用来居住的住所和一部分用作防御的堡垒所组成。作为伊斯兰教文明社会在西方的最后一座堡垒，它和整个格拉纳达城一起抵抗着西班牙君主费迪南德和伊莎贝拉的进攻，一直到1492年。

阿尔罕布拉宫外观，13—16世纪。格拉纳达，安达卢西亚，西班牙。

香桃木院子，1333—1354年。阿尔罕布拉宫，格拉纳达，安达卢西亚，西班牙。

大使厅陶瓷马赛克细部，1333—1354年。阿尔罕布拉宫，格拉纳达，安达卢西亚，西班牙。

从香桃木院子到船厅（Hall of the boat）的入口，1333—1354年。阿尔罕布拉宫，格拉纳达，安达卢西亚，西班牙。

带有石膏装饰和库法字体碑铭的拱券，1354—1391 年。阿尔罕布拉宫，格拉纳达，安达卢西亚，西班牙。

两姐妹厅里带有刻印花纹的石膏和马赛克细部，1354—1391 年。阿尔罕布拉宫，格拉纳达，安达卢西亚，西班牙。

狮子院，1354—1391 年。阿尔罕布拉宫，格拉纳达，安达卢西亚，西班牙。

穆罕默德一世用了很厚的墙来建造阿尔罕布拉宫，还加了许多壮丽的四边形塔楼，经过查理五世（Charles V）在16世纪的加建，总数不少于24个。如今只有其中的8个被保留下来，但也足以唤起人们对中世纪那层层护卫的城堡的追忆。整个建筑群包括至少6个宫殿，它们按照典型的东方平面来布置，在天井或内院的四周围绕着议事厅、寝宫和浴室。在阿尔罕布拉正殿之外，一个叫阿卡扎巴（Alcazaba）的用于防御的城堡和一个叫作阿尔卡扎（Alcazar）的王子宫殿，穆罕默德一世时期在拉萨比卡山丘上先后被建造起来。阿尔罕布拉宫中原先的部分是由优素福一世（Yusuf I，1333—1354年在位）建造的，围绕着一个种满香桃木的

美丽的内院延伸布置。因为在这个内院中也种着橘子树，所以它有时也被称为"橘子院"。在园子的中间，有一个巨大的水池，叫作阿尔贝卡（Alberca），它也是阿拉伯水池的一个变体。这个宽敞的院子的东面可以通往船殿（Hall of the Boat），也被称为祝福殿（Hall of Blessings）。

在这座正殿后面，是由柯马瑞斯（Comares）塔楼统御的明亮的大使厅（Hall of the Ambassadors），或称君王厅。它的天花由一些固定形式的星星装饰覆盖。它们暗示着伊斯兰教传统中的七个天堂。因此定义了王室是宇宙的中心，同时也表示对未来的一种美好预言。这个包括宫殿庭院在内的区域，将私人的、东侧起居部分与洗浴区域区分开来。在西面是

柯马瑞斯宫，穿过了"黄金厅"，得名于其完全由灰泥抹饰金叶的天花。在它东面的一些房间被用作浴室，虽说这来自于伊斯兰传统（见本书第52页），其实这样的形式明显来自于罗马。

在与这组建筑相垂直的角度，穆罕默德五世（1354—1391年在位）建筑了他自己里巴特（ribat）样式的寝宫，这组建筑得名于正中装饰着狮子头的喷泉（并与庭院四角的四个小喷泉相贯通）的狮子庭院为中心。在狮子院的一侧是两姐妹厅，另一侧是阿宾塞拉黑斯厅（Abencerrajes，据说是得名于一个被杀害在那里的摩尔人家族）。

北京和紫禁城

对于北京城建造的准确年代是很难确定的,因为根据相关记载,这座城市(当时称为"集")早在秦始皇统一中国之前的战国时期(公元前 4 到前 3 世纪)就已很富足。这种时间上的不确定,又加上由于和许多古城一样,经历了很多世纪的建设,特别是在最后一个朝代,在修复许多现存纪念物时将它们替换成了复制品,这些使情况变得更为复杂。换句话说,在 18 世纪和 19 世纪时期,城市的中心被大规模地重建,但看上去像是一座 15 世纪的城市。事实上,清朝(1616—1911 年)忠实地复制了明朝(1368—1644 年)的模式。明朝在 1421 年时期迁都北京。这座城市也因此被定格在 15 世纪这个历史时段,也就是这座历史古城成型的时段。

15 世纪的北京城的平面形式被基本上完整地保留至今,因此其可以按照年代排列的顺序连贯地被考证。这种平面的形式被称为"中国套盒"(Chinese boxes)。在其中心是由围墙包围的紫禁城,而在这圈围墙的外面是另一圈高墙,它是对皇城范围的一种限定。遗憾的是,现在它已不存在了。进入紫禁城必须穿过四道大门,最南面的那个叫天安门。整个内城由第三道长方形的围墙所包围和护卫。四面城墙之间的距离在 6 到 8 公里之间,占地面积相当于罗马皇城(奥雷利安城墙之内的半径小于 5 公里)的两倍。由外向内,连续地设置城墙是标示其所限定的区域内权力的递增和对于通行的限定。在中国的心脏——紫禁城内,住着皇帝。

紫禁城景观。北京,中国。

紫禁城里的太和殿，约于 1695 年重建。北京，
中国。

面对着宽敞的铺着青砖地面的广场，这座大殿雄
伟的重檐庑殿顶是其最显著的特点，大殿的面积
接近 2370 平方米。

太和殿宝座，大约重建于 1695 年。北京，中国。

● 紫禁城

中国人称这座皇家建筑为故宫，或者紫禁城。由永乐皇帝从 1404 年开始建造，到 1420 年建造完毕，至今仍然反映了最初的布局。故宫宫殿沿着一条南北向中轴线排列，整个覆盖区域成矩形。最高点为太和殿，它是供皇帝在大典时使用的主殿。而北京城的最高点是景山。人们可以站在景山上俯视整个紫禁城，无论从战

略上还是从地理位置上，这都是一个防御的好位置。确切地说，其街道的形状及建筑物的布置都是由古代的风水理论来决定的。

紫禁城的中心包含着三座大殿：有上面提到过的太和殿；皇帝上朝前休息的中和殿；以及他用来设宴和接见外宾的保和殿。在这三座大殿之后，是皇帝的内廷，被一道人工护城河环绕。

内廷六宫的连续的入
口。紫禁城，北京，
中国。

菲利坡·布鲁内莱斯基

布鲁内莱斯基是文艺复兴建筑风格的创造者之一，他对那些看起来和他的职业只有间接关系的事物非常感兴趣。他是第一个在绘画中建立透视原则的建筑师，还对数学和物理有深入研究。由于他与物理和地理学者保罗·达尔·波佐·托斯卡内利（Paolo dal Pozzo Toscanelli）的友谊，而成为"地球是圆的"的理论的支持者，他的著作甚至触发了克里斯托弗·哥伦布的探险。

● 生平

菲利坡·布鲁内莱斯基于 1377 年出生在佛罗伦萨，是三兄弟中的老二。他经过了传统课程的学习，从中学习了中世纪阿拉伯哲学家和数学家的传统知识，他在 21 岁时成为丝绸艺术协会的成员之一，这个组织的成员还包括金匠和金属匠人（属于圣玛利亚大街艺术协会）。在随后的几年中，他加入了皮斯托亚的金匠师傅卢纳尔多·迪马特奥·杜奇（Lunardo di Matteo Ducci）的作坊。在这样的工作经历基础上，他在 1401 年参加了佛罗伦萨洗礼堂大门的设计竞赛，这个事件通常被认为是意大利文艺复兴运动的开始。三年后，他成为圣玛利亚大街艺术协会里的金匠师傅，与此同时，他开始了其建筑师的工作生涯。他的 9 次罗马之旅也大约发生在这段时间。大约在 1417 年，他进行了著名的透视法的实验，画了两幅镶板画（现已丢失），表现的是从卡尔采乌里街看佛罗伦萨洗礼堂和普里奥利宫。到 1420 年，布鲁内莱斯基已经成为享有名望的艺术家，忙于参与多项佛罗伦萨官方委托的建筑任务。他在 1446 年 4 月 15—16 日的夜里辞世。

菲利坡·布鲁内莱斯基，圣洛伦佐教堂里老的圣器收藏室朝向矩形后殿的内景，1418 年。佛罗伦萨，意大利。

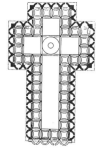

菲利坡·布鲁内莱斯基，佛罗伦萨圣玛利亚主教堂的平面（1436 年）。

菲利坡·布鲁内莱斯基，圣洛伦佐教堂的室内，1418 年。佛罗伦萨，意大利。

布鲁内莱斯基从佛罗伦萨的圣十字教堂得到的灵感，在教堂内部设计了三个中厅，中厅中间的开间、两边的开间，小礼拜堂之间的高度比例，以及几何上的渐推关系形成了一种视觉上的透视效果。

菲利坡·布鲁内莱斯基，育婴院柱廊，1424 年。佛罗伦萨，意大利。

菲利坡·布鲁内莱斯基，圣玛利亚主教堂的穹顶，1420—1436 年（穹降顶罩，1436—1469 年）。佛罗伦萨，意大利。

穹顶升起最高处达到107 米，共需要多于400 万块砖来砌筑。据估计，它的重量超过了 4 万吨。如果算上顶部的铜球，穹隆罩的高度是 22 米。

佛罗伦萨圣玛利亚主教堂的穹顶和鼓座模型〔建筑师吉兹杜里赫（F. Gizdulich）制作，佛罗伦萨，1995 年〕。科学史博物馆和研究中心（Istituto e Museo di Storia della Scienza），佛罗伦萨，意大利。

布鲁内莱斯基设计的穹顶是有史以来最大的没有中心拱架的穹顶。穹顶由划分成 8 个部分的双层罩构成，每一个部分有两个穹隆拱肋。八角形基座相对的两边之间的距离是 55 米。

菲利坡·布鲁内莱斯基，圣玛利亚主教堂后殿外部装饰的一对柱头，1436 年。佛罗伦萨，意大利。

 ● 作品

　　尽管布鲁内莱斯基是因佛罗伦萨的大教堂——圣玛利亚主教堂的穹顶而蜚声世界，他同时还有很多其他杰出的建筑作品。他因作为托斯卡纳地区许多城市的军事工程师而出名，例如，他也被召去修建比萨的海边大桥。布鲁内莱斯基从 1418 年开始设计佛罗伦萨圣洛伦佐教堂，他开始首次尝试用古典的元素来构建新的建筑语法。同年，布鲁内莱斯基开始设计与圣洛伦佐教堂相邻的圣器收藏室，在设计中他实践了比例和谐的理想——有穹顶的房间的长度是矩形中厅长度的两倍，中厅被划分为三个部分，中间的一个带有穹顶——形成一种简单的几何构图关系。在 47 岁的时候，布鲁内莱斯基被指定为育婴院项目的负责人，这个项工程虽然根据他的设计开始修建，但实施过程非常缓慢。1433 年，在圣十字教堂之后（见《认识建筑》第 142 页），他开始设计建造巴齐礼拜堂。1436 年，他接受委托设计建造圣灵教堂，并进一步发展了他在圣洛伦佐教堂中运用的比例的概念，严谨精确地重复方形开间单元。他还设计了没有建成的天使圆厅（1434 年），以及皮提宫最初的核心部分，这是对他在罗马学习纪念性建筑所获得的经验的一个总结。

● 穹顶

　　佛罗伦萨大教堂遇到的问题是，要建造一个不用求助其他永久固定的中心拱架来支撑的穹顶。布鲁内莱斯基采用的方式是沿用古罗马的鱼骨架砌砖技术，这样可以使砖自身承重。

乌尔比诺的公爵府

在文艺复兴时期，即使是臣民和他们的领主之间的关系也发生了改变。贵族和王公们更愿意宽容地行使权力，或者至少是表面如此，不必再将自己保护在城堡的严密厚实的防御性城墙的后面。文艺复兴时期的贵族住宅，可以说是和谐形式的宫殿，尽管有进攻性的或是防御性的构筑物，但好像对所有人都是敞开的。乌尔比诺的公爵府代表了从一种类型向另一种类型转变的时期，尽管它在可以同时被看作既是王公贵族的宅邸也是市政当局的中心这一点很独特。在这个意义上，公爵府可以与东方的宫殿或梵蒂冈的宫殿相比。然而，在 15 世纪的佛罗伦萨，美第奇—里卡第府邸是城市中真正的贵族府邸，政府的行政中心仍然叫市政厅，也叫维齐奥宫，直到美第奇家族在 1540 年搬来，并将之改名为公爵府。

乌尔比诺和公爵府外观。

● 带有文艺复兴标记的城市

作为古罗马时期以来一个重要的城市中心，乌尔比诺位于梅陶罗河和福利亚河之间的山谷中。4 世纪，乌尔比诺被贝利萨留将军（Belisarius）领导的拜占庭军队征服，后来被卡罗林王朝送给教会组织。乌尔比诺城建立之初是吉柏林风格（亲帝国）的，但是，当斯瓦比亚人（Swabians）把它从自由的公国的地位降格为教区的地位，后来又成为一块蒙特费尔特罗（Montefeltro）的封邑时，这种选择被证明是致命的。从那时起，乌尔比诺就处于蒙特费尔特罗王朝的统治下，直到 1508 年。1628 年，乌尔比诺被转让给教皇。这座城市是文艺复兴建筑的绝佳范例；里面有建于 1507 年的防御工事，至今仍大部分保持原貌。

● 一座宫殿形式的城市

费德里科·达·蒙特费尔特罗（Federico da Montefeltro，1422—1482 年）这位伟大的雇佣军指挥官同时也是一位博学的人，是他赋予乌尔比诺普通的家族府邸以庄严宏伟的新形式。为了这个目标，在 1466 至 1468 年间，他任命了达尔马提亚的建筑师卢西亚诺·劳拉纳（Luciano Laurana，1420—1479 年）负责扩建原有建筑的核心部分，现在在面对教堂的一侧仍能见到，它俯视着今天的文艺复兴广场（Piazza Rinascimento）。劳拉纳一直指挥着这项工程，直到 1472 年由锡耶纳的建筑师弗朗西斯科·迪乔治·马蒂尼（Francesco di Giorgio Martini，1439—1502 年）接替了他的工作。马蒂尼继续从事这项工作直到 1489 年，他

角塔，1472 年。公爵府，乌尔比诺，马尔凯区，
意大利。

弗朗西斯科·劳拉纳，公爵府的大螺旋楼梯，
1472 年前。乌尔比诺，马尔凯区，意大利。

这部壮观的楼梯位于面对公爵赛马场的一侧立面的一个角塔内，公爵无须下马就可以进入这座宫殿内部。公爵府还是当时为数不多的在内部装配有室内浴室的建筑之一。

公爵府航拍图。乌尔
比诺，马尔凯区，意
大利。

在右侧朝向梅尔凯泰勒广场的建筑是公爵的马厩。

乌尔比诺公爵府平面图。

1. 费德里科公爵广场
2. 帕斯奎诺内院
3. 梅尔凯泰勒广场

在对待俯视梅尔凯泰勒广场（Mercatale esplanade）一侧的建筑时，遵循着被其前任劳拉纳放弃的原则。宫殿建筑群通过公爵的赛马场与下面的山谷相连，可以经过一个大螺旋楼梯到达。整个建筑群围绕着一个开阔的内院组织在一起，和谐而均衡。这种围绕院落布局的方式是受到了佛罗伦萨的宫殿建筑的启发，后来又成为布拉曼特等建筑师效仿的模式。建筑在一个方向朝着大教堂延伸，在另一个方向沿着原来的边界，并形成了另一个叫作"帕斯奎诺"（del Pasquino）的内院。使这座建筑特色鲜明的是立面上的角塔，其凉廊部分复制了那不勒斯的阿方索·德·阿拉贡那拱门（见《认识建筑》第 141 页）。端庄而严肃的塔楼，清晰地象征着费德里科统治时期的双重特点——和谐与权威。或许对这座建筑最贴切的说明是由巴尔达萨·卡斯蒂廖内（Baldassar Castiglione）提出的，他说这是一个"宫殿形式的城市"。

利昂·巴蒂斯塔·
阿尔伯蒂

另一位意大利文艺复兴建筑之父（和布鲁内莱斯基一起）阿尔伯蒂，对艺术理论家和建筑师起到了双重影响。作为理论家，他清晰地阐明了文艺复兴的原则，使他成为 15 世纪及以后几个世纪艺术家的重要的参照点；作为建筑师，阿尔伯蒂具有将理论原则融入具体形式的能力，他设计的建筑是其理论观点的最贴切的表达。

利昂·巴蒂斯塔·阿尔伯蒂，新圣玛利亚教堂的立面，1439—1470 年。佛罗伦萨，意大利。

完成这个立面是一项耗时很长的工作。1439 年，在佛罗伦萨的参议会上决定修复这个立面，而从这天起到 1442 年间的某时，才将这个任务托付给阿尔伯蒂。三角形山墙下面门楣上的时间是这项工程竣工时的日期。

● 生平

利昂·巴蒂斯塔·阿尔伯蒂（Leon Battista Alberti）是佛罗伦萨富商洛伦佐（Lorenzo）的私生子，洛伦佐因为反对阿尔比齐家族（Albizzi）而被逐离开了佛罗伦萨，阿尔伯蒂于 1404 年出生在热那亚。他在最好的学校接受教育，并在 24 岁时被授予博洛尼亚大学的毕业文凭。由于渊博的知识（他学习过数学、哲学和文学），阿尔伯蒂很快就受雇成为高级教士的秘书，并因外交和文化的使命而随他们游历欧洲。在 1431—1434 年间，他在罗马教皇秘书处担任秘书。他在罗马

这座不朽城市的停留，使他对建筑的兴趣大增，并激励着他撰写一本关于的罗马的指南〔《罗马城市记述》（*Descriptio urbis Romae*）〕。他从 1434 年开始和佛罗伦萨派交往，促使他完成了《论图像》（*De pictura*）一书，他将此书献给布鲁内莱斯基。在完成了在费拉拉法院的事情后，他返回罗马。1452 年，他在罗马写了献给教皇古拉五世（Nicholas V）的著作，名为《论建筑》（*De re aedificatoria*）。1459 年，阿尔伯蒂随教皇庇护二世（Pius II）来到曼图亚，于 1463 年返回罗马。1464 年，他撰写了《论雕塑》（*De sculptura*），

并辞去了教皇秘书的职位，更加专注于监督建筑的设计工作。阿尔伯蒂于 1472 年逝世。

● 作品

阿尔伯蒂对建筑产生兴趣相对较晚，是从强调古典传统美学的训练中自然衍生出的一个分支。他受乔瓦尼·迪保罗·鲁切莱（Giovanni di Paolo Rucellai）的委托，在佛罗伦萨新圣玛利亚教堂（Church of Santa Maria Novella）的立面改造说明了这点。他在改造中，将教堂老的中世纪立面转变为古典形式的；在里米尼的圣

利昂·巴蒂斯塔·阿尔伯蒂，圣安德烈亚教堂的立面，大约于1470年开始设计。曼图亚，意大利。

利昂·巴蒂斯塔·阿尔伯蒂，鲁切莱礼拜堂中的坦比哀多圣墓，1467年。佛罗伦萨，意大利。

坦比哀多圣墓长和宽的比例关系是一种2/3的音阶关系。在这点上，选择古罗马的特色非常有意义。在文艺复兴新的建筑中，古典主义、基督教精神与和谐，组合成一个统一的整体。

方济各教堂、也就是称作马拉特斯提亚诺教堂的复原（见《认识建筑》第140—141页）中，他面对的是同样的问题。阿尔伯蒂的博学和对维特鲁威在《论建筑》中提到的古典建筑语言的了解，影响了他的作品，他提出的解决方案受到当时严苛得不能想象的语言学的控制。布鲁内莱斯基直接从佛罗伦萨的那些被认为是代表了稀释的古典主义的罗曼式纪念性建筑中获取设计的灵感，阿尔伯蒂则直接参照古罗马的建筑素材。仿照三个古罗马拱券设计的曼托瓦（曼图亚）的圣安德烈亚教堂（Sant'Andrea）的立面，就是一个很好的例证。因此，用古典语汇来表达新的含义，成为阿尔伯蒂最有特色的建筑语汇。在佛罗伦萨的鲁切莱府邸中，法官席背部立面基座上的网状设计（见《认识建筑》第91页），以及让人联想起古罗马圆形剧场的方锥形面饰，好像暗示了业主的人文主义文化背景。这些元素在阿尔伯蒂的许多作品中不断地重复出现，其中包括那些没能建成的和后来被改造的作品，例如曼图亚的圣塞巴斯蒂亚诺教堂（San Sebastiano）。提到比例，人们就会提到阿尔伯蒂，他们已经被铭刻在坦比哀多（Tempietto）的圣墓中。

鲁道夫·威特科尔（Rudolf Wittkower）制作的圣塞巴斯蒂亚诺教堂（1460年）最初设计的复原图。曼图亚，意大利。

在这个案例中，阿尔伯蒂的设计再一次引用了一种以前建筑的语言，如在奥朗日的提比略（Tiberus）拱。

多纳托·布拉曼特

正是布拉曼特 15 世纪的设计作品，确立了从早期文艺复兴建筑风格到盛期文艺复兴建筑转变的前提。

布拉曼特从卢西亚诺·劳拉纳和弗朗西斯科·迪乔治·马蒂尼在乌尔比诺的建筑作品、布鲁内莱斯基在佛罗伦萨的作品，尤其是利昂·巴蒂斯塔·阿尔伯蒂的作品中获取灵感，这并非偶然。布拉曼特在设计中引入了更大的可塑性，并且乐于使用更多巧妙方式来达成自己的目标。

上和右：多纳托·布拉曼特，圣沙提洛的圣玛利亚教堂有视错觉的后殿细部，1482年。米兰，意大利。

多纳托·布拉曼特，废墟中的神庙，1481年。巴尔托罗米奥·普雷维达里（Bartolomeo Prevedari）制作的雕版画，不列颠博物馆，伦敦，英国。

根据一个遗失的布拉曼特的画作而来，这幅雕版画记录了布拉曼特在米兰时对透视的研究。这个透视图非常准确，有可能是根据建筑的布局精确绘制的。

● 生平

多纳托·迪帕斯库齐奥·丹安东尼奥（Donato di Pascuccio d'Antonio）和他父亲一样，被称为"布拉曼特"（Bramante），布拉曼特 1444 年出生在现名为费尔米尼亚诺〔Fermignano，当时叫蒙特阿斯多来多（Monte Asdrualdo）〕的城市，离乌尔比诺很近。对于被父亲鼓励发展绘画天才的年轻的布拉曼特来说，附近的公爵府极富吸引力。据乔吉奥·瓦萨里说，多纳托被曾为蒙特费尔特罗公爵工作的建筑师弗拉·巴尔托罗米奥·迪·乔瓦尼·德拉·科拉迪那（Fra Bartolomeo di Giovanni della Corradina），也叫弗拉·卡内瓦莱（Fra Carnevale），送到学校读书。尽管有些资料显示，布拉曼特曾和像皮耶罗·德拉·弗朗西斯卡（Piero della Francesca，关于透视）、曼特纳（Mantegna，关于如何利用视错觉）这样

的大师工作，但据说布拉曼特接受的训练是十分有限的。但可以肯定的是，布拉曼特是具有高超技艺的雕刻师和画家，并且是意大利少数几个精通穹顶建造的结构和数学问题的建筑师之一。他的职业生涯始于他一直居住到 1499 年的意大利北部地区。后来他来到罗马，在那里工作和居住，一直到去世。他是拉斐尔的朋友和资助人，但却是米开朗基罗的激烈的竞争对手。

● 作品

布拉曼特早期的建筑作品可以追溯到他在乌尔比诺的那几年，他在那里设计了圣伯纳迪诺教堂（San Bernardino），该教堂后来由弗朗西斯科·迪乔治·马蒂尼实施完成。后来他离开乌尔比诺来到米兰，资料显示他 1481 年来到米兰，接下来的几年里他开始了圣沙提洛（San

安德烈亚·曼特纳，婚礼室（the Bridal Chamber）的顶棚，1465—1474 年。公爵府，曼图亚，意大利。

布拉曼特在构思立体感很强的壁画时，极有可能是受这个项目中的有视错觉的后殿细部的启发。

多纳托·布拉曼特，和平玛利亚教堂的回廊，1500—1504 年。罗马，意大利。

布拉曼特在下面一层使用塔斯干和爱奥尼柱式，而在上面一层使用优雅的科林斯柱式。他是最早开始考虑维特鲁威关于建筑柱式重要性的解释的建筑师之一。

多纳托·布拉曼特，圣彼得修道院中的坦比哀多小教堂，1502 年。罗马，意大利。

Satiro）的圣玛利亚教堂的建造。修建这座建筑是为了保护圣沙提洛教堂神殿外的神奇的圣母玛利亚画像。布拉曼特的作品主要集中在意大利北部，他在那里设计了帕维亚教堂（一部分灵感来自布鲁内莱斯基设计的佛罗伦萨圣灵教堂，但是更加宏伟壮观）；还有米兰的圣玛利亚感恩教堂（Santa Maria delle Grazie），在这座教堂里，他设计了作为添加在 15 世纪巴西利卡平面上的独立部分的后殿区域（第 144 页）。随着卢多维科·莫罗（Ludovico il Moro）的垮台（1499 年被法国的路易十二赶出米兰），布拉曼特来到罗马，在那里设计了和平玛利亚教堂的回廊（见《认识建筑》第 23 页图），并继续发展了由劳拉纳建立的原则。罗马圣彼得修道院中的坦比哀多小教堂是其成熟风格的最早体现。圆形柱廊围绕着这座作为“英雄之墓”的小教堂主体。由于英雄指的是基督教的圣彼得，建筑师选择使用多立克柱式来纪念他的英勇，同时在过梁上用带有象征弥撒和圣餐的符号作为陇间壁装饰。尤利乌斯二世被选为教皇时，布拉曼特成为教皇建筑改建任务的负责建筑师，他呼吁扩建梵蒂冈教廷建筑群，并修建新的圣彼得大教堂（第 106 页）。

拉斐尔

以画家身份最为著称、被广泛赞颂和景仰的"圣人"拉斐尔，出生时名叫拉斐罗·桑齐奥（Raffaello Sanzio）。他也是一位卓越而有影响力的建筑师。他的建筑天赋主要体现在他惊人的空间感，这体现在他对建筑布局的独特构图方案的运用和发明上。这些方案十分具有创新性，引起了一个时代的革命。甚至他拟订草图的方法也是建筑性的；假如他的一幅绘画的结构是对称的，拉斐尔就会只画一半草图，就像建筑师们画建筑设计图那样。此外，在罗马，他和同样来自马尔凯地区的老朋友布拉曼特的交往，肯定增加了他对建筑学的兴趣。很有可能，在构思他的伟大壁画《雅典学派》时，拉斐尔曾经求助于布拉曼特。然而这并不意味着拉斐尔是个建筑学的门外汉。正如西利奥·卡尔卡尼尼（Celio Calcagnini）在1519年写给他的数学家朋友雅各布·齐格勒（Jacob Ziegler）的信中所写的那样，拉斐尔"确实是一位极具天赋的建筑师，他创造和实现了非凡卓越的作品，使得最好的工程师都因为不能和他在这一领域相匹敌而深感绝望"。然而时间和历史串通起来，诋毁拉斐尔作为建筑师的盛名，因为他的建筑几乎没有一座幸存下来。

拉斐尔，《雅典学派》，局部，1509—1510年。罗马，梵蒂冈宫。

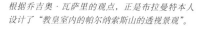

根据乔吉奥·瓦萨里的观点，正是布拉曼特本人设计了"教皇室内的帕尔纳索斯山的透视景观"。

拉斐尔，潘道菲尼府邸，1517—1525年。佛罗伦萨，意大利。

● 生平

拉斐尔于1483年出生在乌尔比诺，他的姓"桑齐奥"就来自于其画家父亲乔瓦尼·桑蒂（Giovanni Santi）。他曾师从佩鲁吉诺（Perugino）。到1500年他已经获得了"大师"的绰号。据说1503年左右他在锡耶纳，第二年去了佛罗伦萨，直到1508年他被召回罗马绘制梵蒂冈壁画之前都住在那里。随着教皇利奥十世的当选（约1513—1521年），他在建筑领域的机遇越来越多，一开始被任命为罗马古迹（1515年）的监督官，然后又当了圣彼得建造工场（Fabbrica di San Pietro）的总建筑师。这一职位原来一直由布拉曼特担当，直到他逝世。实际上正是布拉曼特推荐拉斐尔担任这个要职的。在职期间，拉斐尔得到了朱利亚诺·达·桑迦洛和弗拉·乔孔多（Fra Giocondo）的协助。拉斐尔完成了许多设计，并与巴尔达萨·卡斯蒂廖内携手创作了一篇被认为是对罗马古迹的保存十分重要的文稿。他在1516—1517年写给利奥十世的信中，提议进行一次建筑调查，来记录古代建筑的平面和立面图。然而拉斐尔未能实行这个计划，因为他在教皇去世的前一年（1520年）就去世了。

● 作品

罗马的圣埃利齐奥·德利·奥勒菲齐（Sant'Eligio degli Orefici）教堂是拉斐尔的诸多被毁坏或完全改变的建筑作品之一，在1601年坍塌以后由弗拉米尼奥·庞齐奥（Flaminio Ponzio）进行了完全的重建。拉斐尔为教皇利奥十世的艺术顾问乔万·巴蒂塔·勃兰康尼·德尔阿奎拉（Giovan Battita Branconio dell'Aquila）设计的宫殿的所有痕迹，在17世纪中叶圣彼得教堂伯尼尼的柱廊的建造中荡然无存，只有这一建筑作品的图形文件被保留下来。拉斐尔还设计了佛罗伦萨的潘道·菲尼府邸（Palazzo Pandolfini），尽管在最初的设计上作了一些修改。拉斐尔在罗马最重要的资助人仍然是教皇利奥十世。教皇曾经任命他设计、建造和装饰梵蒂冈凉廊和马达玛庄园（Villa Madama）。

拉斐尔，凉廊，1516—1519 年。罗马，梵蒂冈宫殿。

拉斐尔及其助拉斐尔及其助手，马达玛庄园门廊的室内，1518 年。罗马，意大利。

拉斐尔的工作室是独一无二的，因为出资人可以得到从建筑设计到绘画装饰的"一揽子"产品。

马腾·凡·海姆斯凯尔克（Marten van Heemskerck），《从圣彼得广场看圣彼得大教堂、梵蒂冈宫殿和凉廊的外观》，1534—1535 年。柏林，版画收藏品。

皮耶特罗·费雷里奥（Pietro Ferrerio），罗马新镇（Borgo Nuovo in Rome）的勃兰康尼·德尔阿奎拉府邸，1655 年。

这是拉斐尔在 1518—1520 年间设计的宫殿的最真实的外观意象。

米开朗基罗·波纳罗蒂

画家、雕塑家和建筑家米开朗基罗是历史上唯一在三个领域都取得杰出成就的艺术家。瓦萨里敬称他为"圣人"、无可匹敌的，代表了艺术史上天才的巅峰；按照瓦萨里说法，这导致的不可避免的后果就是在他之后，人们只能从他的成就的顶点"走下坡路"。然而在他的建筑，以及绘画和雕塑中，米开朗基罗至少从（17世纪20年代）的某个点上，无意识中奠定了矫饰主义的基础。手法主义时期与其说是一个颓废时期，不如说是一次将文艺复兴盛期的前提推进到极至的运动。

要充分把握米开朗基罗建筑的创新作用，只要考虑一下他赋予墙壁的价值就足够了。在他那里，墙壁不再是将外界与内部隔离开来的单纯的障碍，而是用来定义空间边界的有机结构。有两个例子可以证明这一点。在圣洛伦佐的新圣器储藏室内部，米开朗基罗运用了布鲁内莱斯基在旧的圣器储藏室上所用的相同的色彩设计，但是没有后者的15世纪的图形效果。假如墙上要开一道门，那么墙的塑造必须要塑性地与这扇门搭配起来，并且要调整其体积比例。

米开朗基罗于是将真正的门窗体系与墙融为一体，而不是仅仅在墙上挖出门来。这一创新也出现在美第奇家族的劳伦齐阿那图书馆（见《认识建筑》第62页）的前厅上，那里的墙被"调动"起来，以呼应朝向阅览室的门。

米开朗基罗，圣洛伦佐教堂新的圣器收藏室，1520年。佛罗伦萨，意大利。

圣器收藏室由瓦萨里布置，他并没有改变米开朗基罗最初的设计，即使是米开朗基罗也没有完成所有需要的雕塑。

● 生平与作品

米开朗基罗·波纳罗蒂（Michelangelo Buonarroti）出生于1475年，是托斯卡纳的丘西（Chiusi）和卡普雷塞（Caprese）的首席治安法官卢多维科·波纳罗蒂（Ludovico Buonarroti）之子。尽管其父想让他成为一位学者，这个孩子很快就显示出非凡的艺术天赋。1488年，他在奇瑞安达（Ghiriandaio）的工作室当学徒，但是第二年他开始经常光顾圣马可的美第奇雕塑花园，在那里他引起了洛伦佐·德·美第奇的注意，他使米开朗基罗获得了人文主义教育。在15世纪90年代后期，米开朗基罗从他的个人资助者和佛罗伦萨共和国得到了他的第一批重要的委托。1508至1512年间他绘制了著名的西斯廷教堂壁画，接着教皇利奥十世出于对他的建筑天才的信任，于1518年委托他设计佛罗伦萨的圣洛伦佐教堂正立面。这个正立面一直没有建起来，但是他的绘图和木制模型保留了下

米开朗基罗，佛罗伦萨要塞的平面，1527年。波纳罗蒂住宅，佛罗伦萨，意大利。

米开朗基罗，圣洛伦佐教堂立面的木制模型，1519年。波纳罗蒂住宅，佛罗伦萨，意大利。

米开朗基罗，卡比托利欧广场和艺术学院府邸 1538—1564 年。罗马，意大利。

米开朗基罗并没能看到这个项目的完工，只是监督了一部分艺术学院府邸建筑的建造工作。

来。四年后，米开朗基罗又重新着手圣洛伦佐新圣器储藏室的工作，1524 年又开始建造劳伦齐阿那图书馆。然后在 1529 年，他有机会在保卫佛罗伦萨时，以一名军事建筑师的身份施展他的才华。这座城池当时处在神圣罗马帝国皇帝查理五世的围攻之下。米开朗基罗在建造尤利乌斯二世陵墓时饱受折磨。他从 1505 年到 1545 年，在罗马和佛罗伦萨断断续续地建造着这座墓。做工精细的大理石纪念碑，包括《摩西》坐像，最后放了罗马的圣彼得镣铐教堂（San Pietro in Vincoli），而没有按原来的计划放置在梵蒂冈。这件完成的作品和原来的宏伟设计相比尺度缩小了，强调了米开朗基罗高度精确的建筑敏感性，以及他确立的雕塑与建筑的特殊关系，这成为后世的典范。在罗马，他还受命设计卡比托利欧（Campidoglio）广场，而且最为重要的是，被任命为圣彼得大教堂的主建筑师（见下页）。他于 1564 年 1 月 18 日去世。

米开朗基罗，尤利乌斯二世陵墓，1547 年。圣彼得镣铐教堂，罗马，意大利。

尽管这个陵墓项目按比例缩减了，米开朗基罗负责这个项目的实施和实现。

米开朗基罗，西斯廷教堂天顶局部，1508—1512 年。罗马，意大利。

这幅布满屋顶的壁画被非常结实地经过涂饰的建筑结构框住。

圣彼得大教堂

梵蒂冈至少有 6 个圣彼得大教堂，有的已经完工，有的仅仅停留在构想之中。它们都围绕着这位耶稣信徒的坟墓而建，根据该撒利亚的历史学家优西比乌斯（Eusebius）记载，彼得是在后来成为盖乌斯和尼禄的竞技场的地方被杀害的，那是当时处决基督徒的刑场。考古发现证实了这一说法，在大教堂的地下，对应现今的忏悔室的位置，有一个小型的广场，广场上有当年的断垣残壁，上面记载了彼得的殉难。第一座大教堂为康斯坦丁修建，于 319 年到 350 年间建成，五间中殿前有座被称为"天堂"的大型门廊。虽然这座建筑被修整改建过，比如在教皇卜尼法八世（Boniface Ⅷ）和庇护二世的命令下添加了凉廊，整座建筑仍然基本保持了原貌。但是在 1452 年，教皇尼古拉五世任命贝纳多·罗塞利诺（Bernardo Rossellino）对教堂进行翻修，至少有一部分被改变了。然而，在教皇尤利乌斯二世当选之前，翻修工作基本未开始，尤利乌斯二世当选后，本想修建一座天主教教堂（他任命米开朗基罗将它设计成他的陵墓），不过最终还是决定重建圣彼得大教堂。

多纳托·布拉曼特，绘制在羊皮纸上的圣彼得大教堂平面图，1505 年。乌菲齐美术馆绘画和版画部，佛罗伦萨，意大利。

● 一个想法，多种方案

这个在 16 世纪产生的想法目标相当明确：就是要在基督教世界中建造一座最宏伟最美丽的教堂。但是如何实施呢？是保持现有的结构，还是完全改造？为了解决这个问题以及其他相关事宜，尤利乌斯二世任命多纳托·布拉曼特负责。布拉曼特选择了希腊十字形（四臂长度相同）平面。他的设计完全基于象征主义，旨在强调新的圣彼得大教堂代表了天庭中的耶路撒冷在地上的形象。有人证明，事实上新教堂的设计灵感来自于耶路撒冷的十字架，又称作迪迦玛（digamma），中心一个大十字架，四个小十字架在角上。布拉曼特设计了 12 个入口，人们相信这个数字存在于天庭的耶路撒冷。

布拉曼特的设计并未立即实施，而且之后当拉斐尔取代他成为总建筑师后，更倾向于巴西利卡平面，或许受到了他自己在帕维亚大教堂的布局的启发。还有别的建筑师提供了其他的方案，比如巴尔达萨雷·佩鲁奇（Baldassarre Peruzzi）和达·桑迦洛，教皇利奥十世任命他们配合拉斐尔修建教堂。桑迦洛采用了集中式的希腊十字形平面，做了一个巨大的木制模型，并且附上了一个结构设计。米开朗基

米开朗基罗等，圣彼得大教堂穹顶，1547—1589年。罗马，意大利。

建造所需的超过40年的时间跨度见证了不同建筑师的更替，从皮罗·利戈里奥（Pirro Ligorio）到维尼奥拉（Vignola）。在18世纪，凡威特里（Vanvitelli）从事这座教堂维护工作，他为此制作了木制模型来推动项目的进行。

罗的设计反映出了布拉曼特的理念，同时也融入了自己的风格，并且借助了桑迦洛的"调整"，使得整个设计显得更加齐整规矩。米开朗基罗的选择很清楚地表明：圣彼得大教堂采用的石材修建的圆形穹顶代表了的天庭中的耶路撒冷。但这个计划也行不通。教皇保罗五世责成卡洛·马德诺（Carlo Maderno）修改米开朗基罗的设计和已经完成了的部分，把它改建成了拉丁十字形（通常为直长横短的十字架）教堂，目的是为了给更多的信徒提供膜拜的空间。这项工作困扰了马德诺的后半生——他被迫修改了米开朗基罗的大作。最后，贝尼尼于1656年到1667年间为这座教堂加上了柱廊。

朝向协和大道（Via della Conciliazione）的圣彼得大教堂和贝尼尼设计的柱廊的俯瞰图。

17世纪的图纸上的圣彼得大教堂和贝尼尼设计的柱廊外观。根据最初设计，在入口处还有第三条短柱廊。

奥梅克人、托尔特克人、阿兹特克人、玛雅人和印加人

欧洲和中南美洲最早的接触始于 16 世纪，当时的西班牙征服者们占领了这片新发现的土地。由于在当时双方的接触中，一方是被迫的，所以产生了暴力冲突，这使得欧洲在当时并没有把对方的文化看作是不同的文明，而到许久以后他们才意识到这一点。误解和残暴使他们不能完全理解这些民族，而且欧洲人对美洲人的兴趣也基本上是政治和经济上的，或者只对他们的异国情调感兴趣。不像在此之前或之后的亚洲文化对欧洲文化所产生的影响，美洲的文明对欧洲的艺术和建筑几乎没有产生任何影响。

回力球场，13 世纪。奇琴伊察，尤卡坦，墨西哥。

这个献给羽蛇神的球场，修建在奇琴伊察的一个巨大的仪式场所。掷球的地点代表的是宇宙，而游戏本身则象征着光明与黑暗的之间的较量。

奇琴伊察球场中带有盘绕的羽蛇神毛石环。尤卡坦，墨西哥。

羽蛇神鬼脸，源自托尔特克文化，在尤卡坦被称为库库尔坎 (Kukulkan)。

● 奥梅克人和特奥蒂瓦坎

奥梅克人被视为中美洲文明的始祖，他们的名字来自于 "Olman"，意为 "出产橡胶树的土地"。所以，他们发明的一种带有宗教色彩的游戏—塔克提，就是用橡胶球玩耍的仪式球赛（见《认识建筑》第 56—57 页），从 11 世纪到 15 世纪风靡整个墨西哥，这并非偶然。奥梅克文明最晚在公元前 12 世纪发源，在公元前 6 世纪到 5 世纪的时候兴盛起来。但大约到了公元前 4 世纪，宗教中心拉本塔（La Venta）衰落，奥梅克文明解体。

特奥蒂瓦坎（天神的出生地），是前哥伦布时期中美洲文明中出现的第一个城市，大约出现在公元前 100 年左右，并在随后的 7 个世纪成为墨西哥中部最重要的城市。城市中心有主要的寺庙群和集市，但最重要的还是宏伟的太阳金字塔（见《认识建筑》第 49 页）。

羽蛇神神庙里的中楣毛石羽蛇神鬼脸细部，8 世纪。特奥蒂瓦坎，墨西哥。

16 世纪的一幅版画上的特诺奇提特兰城平面。特诺奇提特兰城修建在一座小岛上，以 "蛇医"（阿兹特克人的保护神）神庙为中心，神庙的位置现在被墨西哥城的大教堂占据。

马丘比丘建筑群景观，13—15世纪。库斯科，秘鲁。

这个聚居地建筑群修建在海拔1980米的高度，通过穿过山脚的一条道路和库斯科相连。修建成阶梯状是为了获得更多可以耕种的土地面积。

16世纪库斯科的景象。

这座最著名的印加城市（12—15世纪）被划分成两个部分：上库斯科（Hanana）和下库斯科（Hurin）。城市的中心是太阳神庙。所有的道路汇集在两个主要的广场上。

● 托尔特克人

特奥蒂瓦坎衰落后，大约从900年起到12世纪中叶，墨西哥中部被托尔特克文明控制，首府位于图拉（见《认识建筑》第154页），这座城市的名字来源于当地民族的名称。传说托尔特克国王奎兹特克（Quetzalcoatl）曾从图拉逃走，回来的时候成了神话中披有羽毛的蛇神，被阿兹特克人和玛雅人奉为造物之神。奇奇梅克人（Chichimecs）于1156年摧毁了图拉，为阿兹特克人的侵略打开了方便之门。

● 阿兹特克人

阿兹特克的首府特诺奇提特兰城（Tenochtitlan），是现今的墨西哥城，位于特奥蒂瓦坎南边的一个湖心岛上，仅仅在1370年才得以建立。这个城市已经不复存在，但是从征服者埃尔南·科尔特斯（Hernan Cortes）的描述中可以寻得蛛丝马迹，他于1521年踏上这片土地。阿兹特克人的建筑得以保存下来的极少，有位于萨姆帕拉（Xampala）的战神庙，类似于托尔特克人的庙宇。

● 玛雅人

玛雅人建立了幅员辽阔的王国，他们的文化带有很多托尔特克人的痕迹。玛雅文明持续了三千多年，从公元前2000年到1697年，这一年马丁·德乌尔苏（Martin de Ursua）攻下了玛雅人的最后一座城市泰索（Taysal）。这些城市都以金字塔为中心来组织，金字塔被视为宗教中心，内有供祭司使用的房间；城市里还有供人们集会的广场，以及一些玩回力球的场地。

● 印加人

印加王朝大约从1100年发展起来，建都库斯科（Cuzco）。王朝在15世纪迅速扩张，然而到16世纪中期，在内战和西班牙侵略者的夹击下瓦解了。印加考古最好的地点在位于秘鲁的马丘比丘（Machu Picchu），是山地建筑极佳的范例。

玛雅—托尔特克艺术，勇士神庙，12世纪。奇琴伊察，尤卡坦，墨西哥。

这种阶梯形金字塔类型（先有一个方形支撑的柱廊，金字塔顶部有一个小方盒子的建筑）源自于图拉的托尔特克建筑（第154页）。

安德烈·帕拉第奥

上和下：安德烈·帕拉第奥，巴西利卡外观，1549—1617 年。维琴察，意大利。

栏杆在视觉上将建筑的充实与天空的虚阔联系起来。米开朗基罗在他设计的艺术学院府邸（第296—297页）中也使用过同样的设计方法，这是一种手法主义的方法。

帕拉第奥是文艺复兴盛期的大师之一，如果按照风格来定义的话，那么帕拉第奥也是矫饰主义的大师。他多次到罗马游历（1541、1545、1547和1549年），从古典建筑中得到灵感，他把自己的观察所得写成了《建筑四书》。这部著作在1570年出版，有很大的影响力，除了有他自己的设计作品外，还包括他对许多罗马建筑详细的分析和描述。他对维特鲁威以及当时的建筑师如塞巴斯蒂安诺·塞利奥（Sebastiano Serlio）的研究，引导他重新发现了建筑各个部分之间的比例与音律长短的关系（见《认识建筑》第20页）。这绝非意味着帕拉第奥对古典建筑只会盲从。相反，根据家乡威尼托区的艺术风格，他重新阐释了（这里蕴含着矫饰主义的元素）古典建筑的语言，并且超越了它们，创造了属于自己的风格。这是唯一能解释帕拉第奥主义形成的原因。这场运动被视为建筑师本人卓越技巧所致，而在英国人、德国人和美国人的眼里，帕拉第奥的作品比古希腊罗马建筑更经典。

● 生平

安德烈·迪皮亚托·德拉冈都拉（Andrea di Pietro della Gondola）出身卑微，于1508年生于帕多瓦，13岁开始便开始跟着一位石匠当学徒。1524年，当他16岁时，他跑到了维琴察，加入了当地的"建筑工人、石工石匠兄弟会"。一段时间后，他被一家繁忙的工作室录用，可能在30岁左右就成为了负责人。但命运却使他接受了詹乔吉奥·特里西诺（Giangiorgio Trissino）公爵的任命，后者是维琴察最杰出的智者。这是帕拉第奥一生的转折点。公爵对他进行文化教育，赐予他这个听上去很古典的名字——"帕拉第奥"（Palladio），并且指导他在建筑和工程方面的学习，有意培养他成为自己在这方面的专门助手。随着和帕多瓦文化圈中的阿尔维塞·科纳罗（Alvise Cornaro）的接触，通过阅读塞利奥的书籍以及多次去罗马研究，帕拉第奥的教育变得丰富起来，他第一次去罗马甚至还是特里西诺公爵本人陪他去的。在罗马，帕拉第奥也受到了当代建筑的吸引，他所绘制的布拉曼特的小教堂便可证明这一点。他和米开朗基罗都是首先采用巨柱式的人，这在随后的巴洛克时代风靡一时。由于对拉丁文学也很感兴趣，他还出版了恺撒的传记。帕拉第奥在特雷维索去世，享年72岁。

● 作品

他第一个重要的作品便是被称作维琴察巴西利卡的建筑：翻修这座城市的地区级宫殿的外部。和阿尔伯蒂在里米尼修建马拉·特斯提阿诺庙（tempio malatestiano）时所作的设计一样，帕拉第奥设计了一个首饰盒般的装饰外表面，以保护原有的建筑。他喜欢塞利奥式的装饰风格，装饰连续反复出现，形成庄严、有节奏的韵律。帕拉第奥擅长为当地的贵族修建别墅和宫殿，同时也设计了文艺复兴时期最美丽的剧院之一，维琴察奥林匹克剧场（见《认识建筑》第 58 页）。1570 年，他被授予威尼斯总建筑师的头衔，为此他设计了一生中唯有的两座与宗教相关的建筑，圣乔治马乔雷教堂和基督教救世主教堂，灵感来自于罗马万神庙的立面。

安德烈·帕拉第奥，奇里卡蒂府邸（Palazzo Chiericati），1550—1557 年。维琴察，意大利。

这是帕拉第奥设计的为数不多的城市府邸，同时也是在实施过程中基本没有改变的少数案例之一。方案中强烈的秩序感获得了惊人的效果。

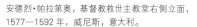

安德烈·帕拉第奥，基督教救世主教堂右侧立面，1577—1592 年，威尼斯，意大利。

安德烈·帕拉第奥，基督教救世主教堂外观，1577—1592 年。威尼斯，意大利。

安德烈·帕拉第奥，靠近斯波莱托的克利图门斯（Clitumnus）神庙设计研究，1560 年。市民博物馆，维琴察，意大利。

福斯卡里别墅（Villa Foscari）的爱奥尼柱门廊立面，1588 年。威尼斯，意大利。

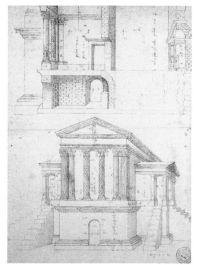

詹洛伦佐·贝尼尼

詹洛伦佐·贝尼尼（Gianlorenzo
Bernini）既是一位画家、雕塑家，同时
还是建筑师和业余剧作家。在他身上，既
体现了古典主义的精神，同时还能看见提
倡和谐与平衡的巴洛克风格。如果巴洛克
运动没有涉及艺术中的诸多领域而变得
异常复杂的话，贝尼尼简直可以称得上是
巴洛克风格的"发明者"。可以确认的是，
贝尼尼，这位在雕塑界和建筑界拥有与米
开朗基罗相同的权威地位（人们有时会拿
两人做比较）的人，在世界上首次提出了
把建筑扩大到日常生活中这一想法，比如
在生活中的各方面都运用建筑上的设计
和创造（几个世纪以后，人们的评论是"从
一把汤匙到整座城市"）。因此，建筑师和
天才艺术家贝尼尼的工作室里出品家具、
剧院设备、节日庆典时的舞台布景、马车、
喷泉、纪念性雕塑和整座城市设计。正是
这种从小到大、从微不足道的小品到事关
重大的连续性作品，成就了巴洛克风格；
圣礼上的顶盖成了华盖，而一座喷泉却和
餐桌中心的装饰不无相似之处。

往圣天使城堡方向看圣天使桥。罗马，意大利。

*贝尼尼及其助手完成这项工程，包括增加拱廊步
道和雕塑十座天使雕像，取代原有的临时装饰而
成为永久性的作品。*

● **生平和作品**

詹洛伦佐是风格主义运动晚期的雕
塑家皮耶特罗·贝尼尼（Pietro Bernini）
的长子，于 1598 年 12 月 7 日出生在那
不勒斯，生来便是个艺术天才。他的父亲
曾在罗马参与修建了位于圣母玛利亚大
教堂里的教皇保罗五世小礼拜堂，詹洛
伦佐从小便跟着父亲。父亲利用自己的
关系把这位年轻的艺术家送到了卡瓦列

罗马巴贝里尼府邸的旱桥（1625—1633 年）。

尔·德阿尔皮诺（Cavalier d'Arpino）的
作坊，在那里他能够研习米开朗基罗和拉
斐尔的杰作。他父亲的熟人中还包括地位
很高的教士西皮奥尼·博盖塞（Scipione
Borghese），此人后来成为贝尼尼的第一
位赞助人，他任命贝尼尼完成的工程在艺
术史上留下了不可磨灭的印记。贝尼尼第
一批完全独立的作品沿袭了他为圣彼得
大教堂设计的华盖的风格，华盖从很多方

乔瓦尼·巴蒂斯塔·法尔达（Giovanni Battista
Falda），《艾斯奎林山上的圣毕比亚纳教堂》
（1624—1626 年）。引自《现代罗马新剧场建筑
透视图集》，罗马，1665—1669 年。

面来看都是这些作品的先例。贝尼尼建造
的第一座建筑物是位于罗马的圣毕比亚
纳（Santa Bibiana）教堂；他本人的工
作包括了圣坛上的雕像，这座塑像从整个
17 世纪一直到 18 世纪都被视为典范。贝
尼尼的创作天才涵盖了整个艺术领域，在
每一件作品里，他都会发挥自己作为建筑
师、雕塑家和画家的才能。他提出了美的
构图理论，认为在完成一件作品的过程

詹洛伦佐·贝尼尼，柯纳洛礼拜堂，1647—1651年。罗马，圣玛利亚胜利教堂。

詹洛伦佐·贝尼尼，《多瑙河》，四河喷泉细部，1650年。纳沃那广场，罗马，意大利。

为了赢得设计任务，贝尼尼在喷泉的中心设计了一个银制的中心装饰品，是由教皇英诺森十世妻子的妹妹唐娜·奥林匹娅·梅达尔琴尼（Donna Olimpia Maidalchini）捐赠的。

詹洛伦佐·贝尼尼，庆祝法国皇太子生日时放焰火的装置，巴里尔（Barrière）的雕版图。国家书画刻印研究学会，罗马，意大利。

詹洛伦佐·贝尼尼等，圣彼得大教堂十字型翼部后殿（1624—1633年）。圣彼得大教堂，罗马，意大利。

贝尼尼从祭坛华盖受到启发，在圣彼得大教堂中设计了一个具有纪念性尺度的巨大的祭坛华盖。

中，每一种艺术方式都应得到平等的利用，这与他的多才多艺正相符合。为了完全理解这一概念，我们要做的就是观察一下圣彼得大教堂的内部，特别是巨大的袖廊部分，巨型建筑主体，图画般彩色的大理石，浮雕还有雕像结合为一体，辉煌壮丽。

贝尼尼喜欢运用各种技巧，并且让人们感到惊讶。在他看来，一座城市就是一座巨大的等待设计的舞台，圣天使桥（Sant'Angelo）就是他这种想法的反映。他最为壮观的作品是为圣彼得广场设计的柱廊（见《认识建筑》第116页，《理解建筑》第107页），在入口处，他又添了第三列柱子。他还为卢浮宫做过设计，虽未实施，但对法国建筑却产生了极大的影响。其他著名的设计有蒙特奇托里奥宫（Montecitorio）和奎利纳雷的圣安德烈亚教堂（Sant'Andrea al Quirinale），两座建筑均在罗马。贝尼尼于1680年去世。

弗朗西斯科·波罗米尼

波罗米尼代表了巴洛克的另一种风格，也是最常被模仿的对象。从贝尼尼的朋友到合作伙伴，并最终成为对手，波罗米尼用自己的勇气、天才以及对建筑的狂想来对抗古典主义风格一丝不苟的严谨，虽然他的风格被称为巴洛克风格，但是他却时不时地对自然定律进行挑战。波罗米尼的想象和经历赋予了作品惊人的美丽，人们可以从沙比恩扎的圣伊沃教堂（Sant'Ivo alla Sapienza）穹顶的外观与海螺的螺旋状曲线之间的相似看到这一点。他着迷于只有在自然界才能看到的、人们意想不到的、但又能与世界和谐共存的事物。事实上，这种想法在 17 世纪非常典型，原因在于当时流行的一种专门陈列动植物和矿物中极其罕见的奇异展品的博物馆。然而波罗米尼的灵感不仅来自于自然界，同样也源于他在文化和象征符号方面广博的知识。所有这些综合起来，铸就了他在建筑史上独一无二的地位。

● 生平和作品

和贝尼尼一样，弗朗西斯科·波罗米尼（Francesco Borromini）于 1599 年出生在瑞士提契诺州的比松（Bissone），是一个为艺术而降生的孩子。他的父亲，詹多梅尼克·卡斯泰利（Giandomenico Castelli）是水利工程师，受雇于维斯康蒂（Visconti）家族；母亲阿纳斯塔西娅·加沃（Anastasia Garvo）来自于一个建筑工人的小康家庭。年仅 9 岁的弗朗西斯科便被送到米兰当学徒。在米兰，从 1613 年到 1615 年，他去听了来自乌尔比诺的数学家穆齐奥·奥迪（Muzio Oddi）的课程，这对他产生了极大的影响。1621 年，他的表兄弟莱昂内·加沃（Leone Garvo）在圣彼得大教堂的建筑工地受伤，于是波罗米

弗朗西斯科·波罗米尼，四排喷泉的圣卡罗教堂穹顶内部，1634—1641 年。罗马，意大利。

十字和八边形的装饰主题是来自于圣康斯坦萨的地下墓穴。

弗朗西斯科·波罗米尼，拉特拉诺的圣乔瓦尼教堂中厅，1646—1649 年。罗马，意大利。

波罗米尼设计了一个砖石吊顶，但从未建造出来，现在保留的木制吊顶是由丹尼尔·达·沃尔特拉（Daniele da Volterra）设计的。

沙比恩扎的圣伊沃教堂，1642—1660 年。罗马，意大利。

是贝尼尼帮助波罗米尼获得这个设计任务，希望他可以努力尝试，尽管受贾科莫·德拉·波尔塔（Giacomo della Porta）设计建造的内院的存在而使得教堂的可用空间十分狭窄，但最终的设计还是非常成功的。

尼接替了他的工作。两年后，他取代了菲利坡·布雷齐奥利（Filippo Breccioli）的地位，成为了总建筑师卡洛·马德诺（Carlo Maderno）的首席助理。他发现一起工作的这位叔叔早些时候参加了修建青铜大屋顶和巴贝里尼宫的工作（见《认识建筑》第 146—147 页）。

波罗米尼第一个完全独立的作品是位于罗马四排喷泉的圣卡罗教堂（San Carlo alle Quattro），他为其设计了内部装潢、回廊以及裸足三位一体修道会修的修道院。这项工程耗费了他四年的时间，同时他还被任命修建了菲利皮尼小礼拜堂（见《认识建筑》第 98 页）。波罗米尼和贝尼尼的建筑方式完全不同。贝尼尼习惯于解释清楚建筑整体的概念然后指挥全局；而波罗米尼则事必躬亲，小到每一个细节。在圣彼得大教堂的钟楼倒塌后，贝尼尼受到了严厉的指责，而波罗米尼则继续受教会的任命，修建位于拉特拉诺（Laterano）的圣乔瓦尼教堂（San Giovanni）和圣阿格尼斯（Santagnese）教堂。当他被任命负责设计传信部建筑的时候，他残酷地推倒了贝尼尼在那里建起的一切，并以之为乐。贝尼尼目睹了破坏的全过程，因为他就住在同一条街的拐角。仿佛是造化捉弄人，波罗米尼的最后一个作品竟然是翻修圣卡利诺教堂（San Carlino）的正立面，这座教堂正是他三十多年前参与修建的。当工程完结之后，波罗米尼陷入了极度消沉之中，1667 年因被傲慢的仆人羞辱而自尽。

弗朗西斯科·波罗米尼，沙比恩扎的圣伊沃教堂的螺旋形穹顶，1642—1660 年。罗马，意大利。

这个穹顶使人想起人身鱼尾的海神的海螺壳，成为像人身鱼尾的海神这样的神秘形象的象征。

波罗米尼设计的在阿贡的圣阿格尼斯教堂立面图（1653—1655 年）。罗马，意大利。

这项工程后来由卡洛·雷纳尔迪（Carlo Rainaldi）接替继续完成，因为与业主卡米罗·藩菲理（Camillo Pamphili）的意见不一致，波罗米尼被业主从工地开除。后来雷纳尔迪也被这个业主开除。这项工程最终由贝尼尼完成。这对于波罗米尼来说是一个严酷的打击，使他陷入更深的沮丧之中。

塞萨·里帕（Cesare Ripa）的《肖像学》（Iconologia, 1618 年版本）中哲学的形象，里帕写道，"他的外衣是由薄纱织成的……在长袍的边缘是一个希腊语的字符 Pi，在顶部是一个 T，在两个字母之间是形成等级的一些学位，从最低的等级直到最高的等级。"（1603 年版本）这个形象被认为是圣伊沃的屋顶，特别是顶罩下层叠踏步做法的图像象征的来源。

皇家凡尔赛宫

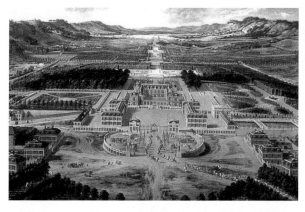

皮埃尔·帕特尔
(Pierre Patel),《凡尔赛宫》,局部,约1668年。凡尔赛博物馆,凡尔赛,法国。

这幅鸟瞰图说明了路易十四时期进行的首期工程之后的宫殿外观,扩大和进一步修饰了路易十三时期的宫殿原貌。

如果有一个地方能够彰显现代欧洲权势家族的华贵,这个地方就是凡尔赛宫。凡尔赛镇距巴黎约有19公里,在17世纪下半叶因皇室在此居住而兴旺发达起来。这里的第一座建筑由路易十三(1601—1643年)下令修建,路易十三喜欢房屋周围有林地,因此1624年在凡尔赛修建了狩猎行宫。十年后,行宫改造成了宫殿,成为日后凡尔赛宫建筑群的中心,凡尔赛宫成为了法国皇室的标志,在17世纪末得以完工。

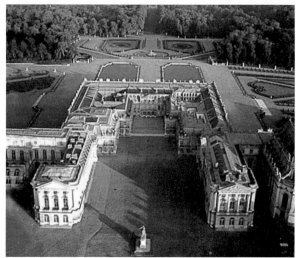

凡尔赛宫鸟瞰图。凡尔赛,伊夫林省,法国。

● 凡尔赛宫的历史

凡尔赛宫的建设围绕着一个核心人物,就是路易十四(1638—1715年);围绕着一个中心思想,就是用建筑来表现王权绝对的权力。虽然在五岁便被封为法国皇帝,路易十四直到马萨林主教(Cardinal Mazzarin)在1661年去世后才真正掌权。他对绝对权力的渴求,以及凡尔赛宫所代表的精神,都在他著名的宣言中得到反映:"朕即国家"(L'État c'est moi)。为了完全和自己的帝王地位相称,他把自己比作太阳,整个世界都要围绕着他转,因此他又被称为"太阳王"。路易十四认为政治就是他自己人格的体现,所以应该由他直接掌控,辅以一个秘密的国家议会以及内阁中的各位部长。路易十四的政府提倡平衡国家预算、重组军事力量,这些政策具有极强的家长式作风,因此历史学家经常把17世纪称作"太阳王的世纪"。专制的皇权要求有相应的极度辉煌的形式来映衬,尽管其巨额消费使财政问题雪上加霜,但凡尔赛的宫殿和花园能够转移朝中的注意力,使其远离国内的种种问题。

● 建筑师

凡尔赛宫的扩建由两位建筑师负责:路易·勒沃(Louis Le Vau,1612—1670),他从1661年直到去世一直为此工作,以及朱尔·阿杜安—芒萨尔(Jules Hardouin-Mansart,1646—1708),他在1690年完成了扩建工程。勒沃被认为是路易十四风格的创始人。他指挥了一批画家、室内装潢师、雕刻家、花匠齐心协力建成了这个辉煌的建筑,表达了绝对权力这一概念。值得一提的是,勒沃负责设计的宫殿朝向花园的一面,体现了无以伦比的壮丽,而在稍后又是芒萨尔将其扩大更大。后者是巴黎著名的建筑师弗朗索瓦·芒萨尔(Francois Mansart,1598—1666年)的曾孙,曾在勒沃的学校里接受培训。

● 辉煌的皇宫

凡尔赛宫就是建成来让人们惊叹的。观光客首先会对宽广的游行广场产生敬畏,广场周围是芒萨尔设计的马厩。从广场开始,两个庭院由皇帝和部长们的住所在两侧围合(皇家庭院),通向原来由路易十三下令修建的中心宫殿。背后是新的正面,重点元素由勒沃设计,长长的侧翼则由芒萨尔设计,总长度为580米。内部设计金碧辉煌,而布满鲜花的花园则由一连串的水池、喷泉和小树林点缀。

大理石内院景观，1634 年。凡尔赛，法国。

现状是经过了菲利贝尔·勒鲁瓦 (Philibert Le Roi) 的改造，这座后期手法主义建筑的中心体量略向前伸出，突出的特点是支撑着阳台的对柱，阳台开有三扇大窗。

夏尔·勒布兰 (Charles Le Brun)，镜厅，1678—1684 年。凡尔赛宫，伊夫林省，法国。

这个设计师的杰出作品创造了路易十四的风格，整个镜厅长 73 米，一侧墙壁上有 17 扇窗，另一侧墙壁上对应地镶有 17 面大镜子，可以将光线和外面的风景映照在厅内。

路易·勒沃和朱尔·阿杜安—芒萨尔，从大型观赏水池看宫殿西侧立面，1679—1684 年。凡尔赛，伊夫林省，法国。

朱尔·阿杜安—芒萨尔和罗贝尔·德科特，大特里阿农宫，1687 年。凡尔赛，伊夫林省，法国。

这座粉白相间的大理石建筑环围的花园由著名的安德烈·勒诺特 (André Le Nôtre) 设计 (1613—1700 年)。作为夏天使用的餐厅的爱奥尼柱柱廊，是由罗贝尔·德科特设计的 (1656—1735 年)，他是阿杜安—芒萨尔的姐夫，阿杜安—芒萨尔曾是第一个皇家建筑师，德科特后来继承了这个位置。

朱尔·阿杜安—芒萨尔和罗贝尔·德科特 (Robert de Cotte)，圣路易斯礼拜堂，1698—1710 年。凡尔赛，伊夫林省，法国。

泰姬·玛哈尔陵

建筑的原因各种各样：有的是为了经济或政治的需要，有的为了军事防御或大众娱乐，还有的纯属居住需要，或是为了祷告上苍。但是，这些都不是莫卧儿帝王沙·贾汗（Shah Jahan，约1628—1658年）在印度的阿格拉修建泰姬陵的原因。修建泰姬陵是为了见证爱情。这座陵墓的主人是阿朱曼德·芭努王后（Arjumand Banu Begum），沙·贾汗的妻子，世人称为泰姬·玛哈尔（Taj Mahal，意思是"宫殿的皇冠"）。皇帝深爱着美丽的妻子，每日和她在一起，欣赏她的优雅和美貌。

订婚14年后，他们于1612年4月12日结婚，是年作为莫卧儿王朝的胡拉姆（Khurram）王子，沙·贾汗正式登基称帝。夫妇二人从不分开，哪怕是在皇帝亲征的时候，王后也与朝中大臣一起跟随前往。她已经生下了13个孩子，在生最后一个孩子的时候，于1631年6月17日死在了远离宫廷的德干（Deccan），这与她跟随丈夫的军队历经磨难有着不可分割的关系，她的最后一个孩子便是日后美丽的高哈拉拉公主（Gauharara Begum）。一段史上最忠贞的爱情就此结束。虽然沙·贾汗不得已再婚，但是他再也没有从丧妻之痛中恢复过来。为了表达对妻子的敬意，同时为了保证对她的记忆能够永恒，沙·贾汗决定修建一座辉煌程度举世无双的陵墓，外形来自阿朱曼德本人曾描述过的形象。她曾经告诉他梦到自己在一座壮观的宫廷中，由白色大理石砌成，内部镶有各种石头和精美的雕刻，周围是开满鲜花的花园，还有水池和喷泉，沙·贾汗在悲痛中决定实现她的梦想，作为最后一次的示爱。

● 结构

泰姬陵通体由洁白的默格拉纳大理石砌成，其装饰的丰富程度令人瞠目，伊斯兰教典型的《古兰经》雕刻与复杂的植物花饰融为一体，有些按照固定的样式内嵌，有些则是自然的浅浮雕。周围巨大的石栏（约900米长，300米宽）围绕着数座花园和一座清真寺，正中的泰姬陵仿佛在翠绿托架上一颗熠熠生辉的珍珠（泰姬陵被称为"印度之珠"）。花园、水池和喷泉组成了一条大道，通向陵墓。虽然装饰壮丽，但建筑本身却很简洁。它坐落在一个约7米高的方形台基上，四角分别有一座41米高的光塔。陵墓设计成四边形，角度较大的斜面连接着各角，上面是洋葱形状的穹顶，直径20米。在建筑主体的内部，钻孔并镶以花格的大理石屏风围绕着两人的墓。

沙·贾汗本希望用黑色大理石在泰姬陵对面为自己造一座相同的陵墓，但他于1658年去世，未能完成自己的心愿。

从花园看泰姬·玛哈尔陵，1632—1654年。阿格拉，北方邦，印度。

泰姬·玛哈尔陵室内，里面有两个君主的陵棺，
1632—1658 年。阿格拉，北方邦，印度。

泰姬·玛哈尔陵立面细部，1632—1654 年。阿
格拉，北方邦，印度。

彩饰大理石和准宝石上的装饰图案是来自《古兰
经》的碑铭和镶嵌的植物花纹。

俯瞰泰姬·玛哈尔陵，1632—1654 年。阿格拉，
北方邦，印度。

克里斯托弗·雷恩

在西方建筑史上，克里斯托弗·雷恩（Christopher Wren）的职业生涯是最为奇特的。他曾在辉煌的科学家的职业上（他在牛津大学任天文学教授一职）转而成为 17 世纪，也可能是有史以来英国最重要的建筑师。他和他的合作伙伴伊尼戈·琼斯（Inigo Jnes，1573—1652年）是最早将古典主义的信息带到英国的建筑师。在对古典主义风格的理解上，相对于琼斯基于对帕拉第奥的学习，雷恩是贝尼尼的效仿者。1665 年，当他客居巴黎时，他写道："查尔斯修道院向我展示了贝尼尼，为了贝尼尼卢浮宫的项目，我愿意穷尽我的一生。"雷恩对建筑学如痴如狂，虽然他所受的训练均为业余级别，但所表现出来的才能却如天才一般。

克里斯托弗·雷恩，沃尔布鲁克的圣斯蒂芬教堂，室内，1672—1679 年。伦敦，英国。

克里斯托弗·雷恩，皇家海军医院，1695 年。格林尼治，伦敦，英国。

背景为伊尼戈·琼斯设计的皇后府邸，在视觉上将雷恩设计的冠以圆顶的双翼连接起来了。

克里斯托弗·雷恩，谢尔登剧院，1663—1669 年。牛津，英国。

根据剧院的设计，可以容纳 1500 名观众。

克里斯托弗·雷恩，圣保罗大教堂，1675—1710 年。伦敦，英国。

正面由成对的科林斯柱点缀。虽然钟楼已纳入原先的设计图纸，但却是后来才加上去的。

● 生平

克里斯托弗于 1632 年降生在威尔特郡东诺伊尔，父亲是新教牧师。求学时代，雷恩的同窗中有几位日后成为了 17 世纪的顶级学者〔如诗人约翰·德莱顿（John Dryden）、哲学家约翰·洛克（John Locke）都是当时雷恩在威斯敏斯特中学的同班同学〕。此后，雷恩对精密科学孜孜以求，年仅 17 岁便在牛津大学取得学士学位。21 岁时获得硕士学位，并在 25 岁那年成为了伦敦佛里汉姆学院的天文学教授。不到 30 岁，就受到牛津的邀请，在该校同一专业任职。他是英国皇家科学院的创建人之一，他在几何学领域的领先地位为世人公认。他不仅才智过人，而且发展全面，是真正的科学研究者的代表。

事实上，雷恩对于建筑学的热情也许还能引导他向其他方面发展，建筑设计对他而言几乎是一种娱乐。然而 1666 年伦敦的大火，这一史上最为悲惨的事件之

一，却改变了他一生的工作和在历史上的位置。英国国王查理二世深知雷恩对建筑的热情和兴趣，邀请他参与重建伦敦，并且同意了他所提交的城市重建计划。这位业余建筑师被任命去修建 52 座教堂，包括重建作为英联邦宗教中心的圣保罗大教堂，它后来成为了雷恩的杰作。雷恩于 1723 年以 91 岁的高龄辞世。

● 作品

雷恩的第一个作品是牛津大学内的谢尔登剧院（Sheldonian Theatre），灵感来源于罗马的马塞卢斯剧院（Theater of Marcellus）。其设计显示出了这位崭露头角的建筑师对于古典主义和考古学的兴趣。重建伦敦时修建的教堂在后来的数世纪中遭到了破坏，许多都是集中式平面，重复一个固定的模式，并不太关心建造本身。其中值得注意的是依然屹立在沃尔布鲁克的圣斯蒂芬教堂（1672—1679 年）。这座教堂被视为和谐与均衡的佳作，其穹

顶让人想起圣保罗大教堂。教堂内部集中式平面上 16 根巨大的科林斯柱子支撑起了突出的檐部。

● 伦敦大教堂

为了代替 1666 年毁于大火的圣保罗大教堂，雷恩在 1673 年展示了一个巨大的木制教堂模型，已经显示出了巴洛克风格。该模型和伊尼戈·琼斯在大火后即刻提供的设计很不同。在琼斯的设计中，教堂的正立面仍然是 15 世纪欧洲文艺复兴风格。而在雷恩提供的最终设计中（第一个遭到神职人员的否定，认为其设计风格对于教堂而言过于大胆），建筑的基本风格已经从复杂的集中式发展变成为巴西利卡式，十字中心上冠以穹顶。圆顶基本保持了最初设计的模仿圣彼得大教堂的样式，高度约为 112 米。

约翰·巴尔塔扎·诺伊曼

约翰·巴尔塔扎·诺伊曼（Johann Balthasar Neumann）是德国洛可可建筑流派的代表人物。他主要在弗兰克尼（Franconia）一带工作，其中最重要的工程是位于维尔茨堡的大主教府邸。因为这个原因，他有幸遇到了像詹巴蒂斯塔·提埃波洛（Giambattista Tiepolo）和他的儿子们那么优秀的合作伙伴。

诺伊曼被他同时代的建筑师赞誉为"建筑师中的建筑师"。他主要的成就是对德国18世纪中叶的洛可可精神做出了精湛的诠释。

约翰·巴尔塔扎·诺伊曼等，大主教亲王宫殿的正面，对着花园，1719—1744年。维尔茨堡，下弗兰克尼，德国。

约翰·巴尔塔扎·诺伊曼等，大主教侯爵宫殿朝向院落的立面，1719—1744年。维尔茨堡，下弗兰克尼，德国。

● 生平

约翰·巴尔塔扎·诺伊曼于1687年出生在艾恩（今捷克共和国境内的海布），父亲是卖布的小生意人。他的职业生涯始于维尔茨堡的一家枪炮工厂，当时维尔茨堡是弗兰克尼教区的首府，他进入了当地主教亲王的炮兵部队。

1717和1718年间，诺伊曼去很多地方游学，到过巴黎和米兰。他的才干很快引起了大主教亲王弗朗茨·冯·舍恩布伦（Franz von Schönbrun）的注意，侯爵最初聘他为军事建筑师。1719年，诺伊曼被任命为维尔茨堡宫廷建筑指挥。虽然他几乎一生都受命于这个职位，但是他还是有机会在这个位于下弗兰克尼的小城之外施展他的才能。虽然在那儿受狭窄的城市环境所限，但他的天才依然可以达到建筑的各个领域，就像他曾被任命做街道规划和房屋设计，包括他自己的位于卡普茨内加瑟大街7号的住所。诺伊曼因此向人们证明了他不仅能为城中的富人做设计，同时也能处理18世纪早期的建筑艺术领域的各种问题。他于1753年去世。

● 作品

诺伊曼最大的成就，就是他所修建的大主教亲王的宫殿，这是他呕心沥血之作，也使得他声名鹊起。当时的德国和欧洲其他国家一样，都被华丽的法国宫殿（例如卢浮宫和凡尔赛宫）所折服，并为意大利的建筑大师诸如贝尼尼和波罗米尼所倾倒。

亲王非常重视宫殿的建设，甚至让诺伊曼先到巴黎和洛可可大师罗贝尔·德科特（Robert de Cotte）以及杰曼·波夫朗（Germain Boffrand）讨论。然后在约翰·丁岑霍费尔的指导，著名的约翰·卢卡斯·冯·希尔德布兰特（Johann Lukas von Hildebrandt）和其他人的辅助下开始设计。虽然如此，最初得到首肯的设计理念仍然是纽曼本人的想法，尽管有一个大楼梯被去掉了（过于巨大笨拙）。

最终敲定的图纸显示，整栋建筑围绕着四个内院组成的中心核安排，朝向院子的一面与俯瞰花园的一面很不同，像凡尔赛宫一样，成为配置的背景。

这座宫殿的壮观并不完全来自于宽阔的大厅和敞亮的结构，而且同样也得益于其中繁复的装饰，最精彩的例子是君王厅（Kaisersaal），提埃波洛的装饰与建筑非常和谐地融合在一起。

但是，诺伊曼不仅仅做包括斯图加特和卡尔斯鲁厄的皇家宫殿在内的建筑设计，他还设计了以班贝格附近的十四圣徒朝圣教堂（Vierzehnheiligen，1743—1772年），波罗米尼对诺伊曼的影响在这里显而易见。

约翰·巴尔塔扎·诺伊曼 等，詹巴蒂斯塔·提埃波洛完成了壁画，大主教亲王宫殿的君王厅，1719—1753 年。维尔茨堡，下弗兰克尼，德国。

壁画由提埃波洛完成于 1751—1753 年 间，表现的是腓特烈·巴巴罗萨 (Frederick Barbarossa) 本人及他和勃艮第的贝亚特丽斯 (Beatrice) 的婚礼的史诗故事。

约翰·巴尔塔扎·诺伊曼 等，壁画由詹巴蒂斯塔·提埃波洛完成，大主教侯爵宫殿中的大台阶，1719—1753 年。维尔茨堡，下弗兰克尼，德国。

这个纪念性的大台阶是由自承重的十字拱支撑的。

托马斯·杰斐逊

　　1801 年 3 月 4 日，托马斯·杰斐逊向国会庄严地发表了他的就职演说，随后这位美利坚共和国的第三任总统返回酒店就餐。当他进入餐厅时，有人建议他到贵宾就餐处进餐，但他仍然坐到了往常的位置上。那时美国已经是有五百多万人口，面积一百多万平方公里的国家。事实上，当时的美国已经是一个大国了。作为一名政治领袖，杰斐逊推崇古罗马政治家辛辛那图斯（Cincinnatus）的风格——谦逊而不软弱，外柔内刚。他理想中的国家应该和希腊罗马一样，或者至少是历史书上所描写的这两个伟大国家的理想形象。然而，作为弗吉尼亚州的一

名地主，杰斐逊对土地有着强烈的感情，因而非常反感强行推行的工业化进程对人的尊严的伤害（但是这个原则却与他的奴隶主身份相妥协）。杰斐逊执着于恢复伯里克利统治下的希腊时期以及罗马共和国时期的民主精神，这些都反映在了美国的国家机构建设和文书措辞方面。"总统选举"这一说法，事实上就正对应了罗马的执政官选举，而建立参议院的灵感则直接来源于古希腊罗马的原型（虽然众议院反映了英国传统的影响）。和古罗马一样，美国的参议院是由精英人士组成的立法议会，他们是受过教育的地主，并非由民选产生，而是由各州的立法

机构指定。杰斐逊深受这些先人的影响，所以很难想象除了新古典主义，他还会选择别的建筑风格。新古典主义深受帕拉第奥主义的影响。作为杰斐逊的合作伙伴，本杰明·拉特罗布（Benjamin H. Latrobe，1764—1820 年）被任命为华盛顿各公共纪念碑的建筑负责人，他写道："我狂热地喜爱希腊风格……我对高雅品味的标准严格地归为希腊建筑风格……希腊的辉煌能够在美国的丛林里得到再现。"在这些对风格的阐述背后，是对政治理想的精准定义。

托马斯·杰斐逊，蒙蒂塞洛的杰斐逊住宅，1769—1775 年和 1796—1809 年。夏洛茨维尔，弗吉尼亚，美国。

最初的设计是根据帕拉第奥设计的带有中心构图的别墅原型，后来杰斐逊结束了其作为外交官在巴黎的长期停留之后，他亲自调整了这座位于蒙蒂塞洛的住宅。由于受到了法国建筑的新样式的启发，这位未来的美国总统扩大了建筑的平面，赋予建筑更多的纪念性。他提出了很多的创新，如折叠床和送饭菜的小升降机。

托马斯·杰斐逊，州议会大厦，1785—1796 年。
里士满，弗吉尼亚州，美国。

该建筑灵感源自古罗马建筑，特别是位于法国尼姆的罗马神庙，这是"最能体现所谓的立方体建筑神韵"的现存的罗马神庙。

空中俯瞰国会大厦，于 1865 年由托马斯·沃尔特（Thomas U. Walter）主持完工。华盛顿特区，美国。

● 生平和作品

　　杰斐逊的父亲是弗吉尼亚州富有的地主，留给他大笔的地产。托马斯·杰斐逊于 1743 年出生在沙德维尔（Shadwell），今为阿尔贝马尔县（Albermarle）。杰斐逊博学多才，精通法学、经济、博物学、教育学，同时还通晓建筑学。他的第一个建成的作品是他的住宅，被叫作蒙蒂塞洛（Monticello）。平面出自罗伯特·莫里斯（Robert Morris）所著的《建筑选编》（*Select Architectura*）里，又根据利奥尼编辑（Leoni，1721 年）的帕拉第奥的《建筑四书》英文版进行了改进。不难看出帕拉第奥的圆厅别墅对蒙蒂塞洛的影响。这栋建筑的作用在于向美国引进了古典的建筑风格，与之相对的是殖民地式建筑简单自发的特点。作为建筑家，杰斐逊其他的成就包括他创立的弗吉尼亚州立大学校园内最早的几栋建筑，以及位于里士满的州议会厅。作为华盛顿政府的国务卿，他提出了哥伦比亚特区的城区建设规划导则，成为总统后，又任命拉特罗布完成了国会大厦的建设。杰斐逊于 1826 年 6 月 4 日去世。

本杰明·拉特罗布，华盛顿特区的国会大厦设计图，1814 年大火前。

布雷和勒杜

新古典主义建筑另一面的特征以前从来没有这么清晰地显现出来，即对建筑传统中从未出现过的新形式进行探索。从这一点来看，是作为新古典主义哲学基础的启蒙运动的思想，使它与过去的艺术运动所坚持的原则决裂。与洛可可风格的浮华夸张相反，这种新风格的理论基础是自然和理性原则。这些理论由德国人安东·拉斐尔·门斯（Anton Raphael Mengs）和约翰·约阿希姆·温克尔曼（Johann Joachim Winckelmann）于18世纪后半叶整理形成。在他们的理论中，古希腊的模式就是美的典范。理性被视为发掘美的唯一标准，因此就没有必要分心去关注"理性女神"影响范围之外的模式。然而这导致人们的注意力都集中在了物品或建筑（形式由此产生）的功能上，任何阻碍了理性美的模式都被视为无用之物。而这与在美国被最广泛应用的新古典主义政治主张的恰恰相反。代表了新古典主义建筑这个方面的杰出人物就是建筑师、建筑理论家布雷和勒杜（他们的著作表明了新古典主义的复杂性），两人都属于由让·达兰贝尔（Jean D'Alembert）和德尼·狄德罗（Denis Diderot）领导的百科全书派。他们的改革先于法国大革命，是文化变革的基石，以一种强烈的世俗中心论为特征。

艾蒂安—路易·布雷，国家图书馆设计，1785年。设计图来自《建筑：向艺术靠近》，国家图书馆，巴黎，法国。

艾蒂安—路易·布雷，巴西利卡，1786年。设计图来自《建筑：向艺术靠近》，国家图书馆，巴黎，法国。

艾蒂安—路易·布雷，牛顿纪念堂，1784年。设计图来自《建筑：向艺术靠近》，国家图书馆，巴黎，法国。

中心的圆球将将近150米高。

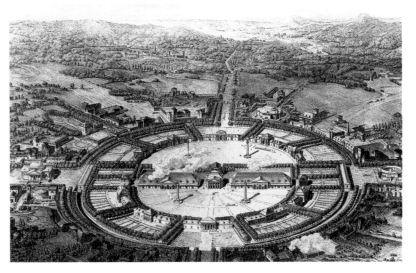

克洛德—尼古拉·勒杜，俯瞰理想城，位于拉夏的盐厂。1775—1779 年。

克洛德—尼古拉·勒杜，理想城盐厂带有内室的大门，1775—1779 年。绍村，阿尔克埃塞纳斯，法国。

● 艾蒂安—路易·布雷

布雷（Etienne-Louis Boullée）的理性的倾向使得他倾向于选择简单的几何形状，但同时他又喜好宏伟的纪念性建筑，这两者矛盾地结合在一起，最终把严肃冰冷的理性转化为绚丽的视觉梦幻。布雷于 1728 年生于巴黎，他一生建成的作品很少，并非偶然（他仅存不多的作品中包括建于巴黎的亚历山大旅馆，1766—1768 年）。他更愿意把自己的设计以文字形式阐述出来，写成了《建筑：向艺术靠近》（ Architecture: Essai sur L'Art ）一书，这本书直到 1953 年才得以出版。在该书中，他表达了这样的理论：建筑应该是理性的，其简单而通用的形式源于理想的建筑形式，因而具有伦理教育意义，代表了启蒙运动的原型。尽管他的作品少之又少，而且著述在两个世纪内未能发表，但是布雷仍在同期的建筑界产生了巨大的影响，从他的学生让—尼古拉—路易·迪朗（Jean-Nicolas-Louis Durand）到本杰明·亨利·拉特罗布（参见前面）都受他的影响。布雷于 1799 年去世。

● 克洛德—尼古拉·勒杜

勒杜（Claude-Nicolas Ledoux）于 1736 年生于马恩省的多尔芒，在巴黎上学，但是受到了乔瓦·巴蒂斯塔·皮拉内西(Giovan Battista Piranesi)关于幻想世界的影响。虽然他的作品比布雷多得多，但最精美的一些都已损毁。1773 年，他被授予"君主建筑师"的称号，这刺激了他的想象力向更大的空间发挥，最终表现在他的"理想城市"构想（1794—1804 年）。与布雷所想象的"几何"外形不同的是，勒杜的理论认为建筑应具有高度的表现性，他的作品似乎能说话，其外形和结构表达了功能。

克洛德—尼古拉·勒杜，管理楼，1775—1779 年。绍村，阿尔克埃塞纳斯，法国。

詹科莫·夸伦吉

詹科莫·夸伦吉（Giacomo Quarenghi）的创作时期，在俄国历史上，是女皇叶卡捷琳娜二世执政时期，她是于 1745 年遇刺的沙皇彼得三世的遗孀。俄国当时仍然处于非工业化阶段，经济基础还是依靠农民阶层运转的农业，但欧洲各国仍然视其为大国，整个国家已经走上了改革者彼得一世（彼得大帝）设定的现代化道路。

叶卡捷琳娜二世曾被人怀疑策划了暗杀她丈夫的行动，执政后仍然用她前任的政策统治国家，这位女皇精力充沛，受过很好的教育，相传拥有很多情人。她的身边聚集了许多艺术家、作家以及启蒙运动中的知识分子。在执政期间，她建立了莫斯科大学（1755 年）和美术学院（1758 年），后者作为领导文化艺术的机构与 1725 年建立的科学院拥有同等的地位。虽然她的举措在一个世纪后才显出成果，但是叶卡捷琳娜时期的俄国仍然是欧洲其他国家模仿的范本。杰出的外国艺术家和知识分子受到召见入宫，并被授予极高的荣誉。

在这些人中间，便有意大利新古典主义大师詹科莫·夸伦吉。他在旧建筑更新和建造新建筑方面都有重要建树，是他使得圣彼得堡和莫斯科的外观更像巴黎或罗马等欧洲著名都会，而其宏伟程度则有过之而无不及。

圣彼得堡冬宫大厅的水彩画，19 世纪早期。

这幅水彩是大厅（即尼古拉厅）原貌珍贵的记录，由詹科莫·夸伦吉设计，1837 年大火后由瓦西里·斯塔索夫（Vassili Stasov）重建。

圣彼得堡国家银行（1783—1790 年）的入口的老照片。
这栋建筑也被称作"大理石宫"，现为列宁纪念馆。

生平和作品

夸伦吉于1744年生于意大利伦巴第区的伊马涅河谷,离贝加莫不远。他最初跟着一位画家当学徒,在19岁时到罗马进入门斯和波奇(Pozzi)的学校求学,在那里掌握了新古典主义的理论基础,他的兴趣也迅速转向了建筑方面,开始研究罗马的古典建筑,同时他也到其他城市游历,研习布拉曼特和小安东尼奥·达桑迦洛的作品,当然,最重要的还是帕拉第奥的作品,夸伦吉的风格深受这位大师的影响。不过夸伦吉是从布雷和勒杜那里学到了简洁的几何外形这一概念。他第一批重要的作品中有圣斯科拉斯蒂卡教堂(Santa Scolastica),位于罗马东边的苏比亚科。夸伦吉的人生重大转折点,是被叶卡捷琳娜二世政府中的一位部长格里姆男爵(Baron Grimm)邀请到圣彼得堡工作。1779年,夸伦吉成为宫廷建筑师,为这个城市呈现出的新都市风貌做出了杰出的贡献。他最初的几个项目之一,是对冬宫风格的改造,它最初是由意大利建筑师拉斯特雷利修建(见《认识建筑》第151页)。以同样的精神,夸伦吉建造了艾尔米塔什剧院(Hermitage),是受帕拉第奥在维琴察修建的奥林匹克剧院(见《认识建筑》第58页)的启发。完全由他个人设计的国家银行,反映了帕拉第奥的影响,虽然是由彩色大理石组成,装饰形象却非常清晰。夸伦吉同样重视建筑的均衡与和谐,并以此为原则修建了科学院和其他几栋大厦。他的主要作品都在莫斯科,例如伯伯罗德科宫(Berborodko)。夸伦吉于1817年在圣彼得堡去世。

圣彼得堡的"拉斐尔凉廊"(1783—1792年),水彩画,康斯坦丁·乌科托姆斯基(Konstantin Ukhtomsky),1860年。

1783年,夸伦吉受命在圣彼得堡他所设计的剧院旁边的大厅里修建梵蒂冈凉廊(第295页)的翻制。工程于1780年开始,由克里斯托弗·昂特伯格(Christopher Unterberger)带领一组艺术家,受命于卡特林娜二世,完全翻版拉斐尔及其追随者在梵蒂冈描绘的壁画。

驻扎在圣彼得堡的骑兵团马场的老照片。

朱塞佩·瓦拉迪尔

瓦拉迪尔是意大利新古典主义时期最重要的建筑师，他的创作主要在教皇国地区，被誉为使意大利的建筑风格达到那个时代最伟大国度的水平。他超越了罗马教皇庇护七世（约1775—1799年）力举的、对16世纪以建筑师科西莫·莫雷利（1732—1812年）为代表的建筑风格的复兴。瓦拉迪尔的所有的重要成就都是在新世纪取得，这并非偶然，他与当时的统治阶层、教士和教皇贵族保持着和谐的关系，他不仅使新古典主义的原则得以接受（尽管仍然有人怀疑是以启蒙运动思想为基础），并且显示出他自己对法国革命者所推崇的罗马古典复兴样式的高度敏感。瓦拉迪尔很明显得受到了建筑师兼艺术家卡洛·马奇奥尼（Carlo Marchionni，1702—1786年）的影响，同时也很关注夸伦吉的革新以及弗朗西斯科·米利齐亚（Francesco Milizia）的言论。

从平乔花园看人民广场，19世纪水彩画。2000年大赦时期修复。

广场恢复了古时候的光彩。瓦拉迪尔从1793年开始重新规划，最开始他考虑使用一长排双排柱的建筑物，但是1816年最终获得肯定的计划则是今天我们看到的样子。平乔花园也为瓦拉迪尔设计，于1810—1816年间建成。瓦拉迪尔一向认为花园是建筑中很好的资源之一。

提图斯凯旋门现今的外貌，由朱塞佩·瓦拉迪尔修复。

● 生平和作品

朱塞佩·瓦拉迪尔（Giuseppe Valadier）于1762年出生在罗马，是一名考古学家、建筑师和城市规划师，他的父亲是一位雕塑家、金匠和熔炼师，与议会关系密切。虽然人们对瓦拉迪尔的教育经历知之甚少，但可以确定他是个早熟的孩子。早在11岁的时候，他就负责了罗马人民广场上的齐波礼拜堂的一块浮雕。两年后，也是在罗马，他参加了重建月桂的圣萨尔瓦托诺教堂（San Salvatore in Lauro）的竞赛。随后他跟随吉罗拉莫·托马（Girolamo Toma）学习数学和画法几何。1781年，瓦拉迪尔成为了圣彼得教堂修造队伍中的一员，被称为教皇宫

朱塞佩·瓦拉迪尔,瓦拉迪尔小住宅,平乔花园,
1810—1818年。罗马,意大利。

朱塞佩·瓦拉迪尔,圣潘塔莱奥教堂正面,
1806年。罗马,意大利。

*此正面被由皮耶特罗·奥雷里完成的抹灰棚柱分
成两半,上半部冠以齿状三角墙,一扇大窗被包
成带隔栅窗的玄月状。下半部是门,三角墙两侧
分别伴以一根爱奥尼柱。正面的最大特征是由光
滑的石头砌成浮凸的装饰效果。*

殿建筑师,听从卡洛·马奇奥尼(Carlo
Marchionni)的领导。马奇奥尼去世一年
后,瓦拉迪尔被任命为内廷建筑师,并担
任圣彼得教堂修造助理的工作。这时他
开始接到一些重要的工程。罗马教皇庇
护六世任命他修复斯波莱托大教堂(从
1785年开始),并重建乌尔比诺大教堂,
后者在1781年和1787年的地震中遭到
严重毁坏。

瓦拉迪尔多才多艺,颇具天赋,这
使他还赢得了改造阿格罗篷蒂诺沼泽地
以及考察罗马涅地区遭受的地震灾害的
任务。他最初在罗马的主要作品有圣潘
塔莱奥教堂(San Pantaleo),根据乔瓦
尼·托洛尼亚公爵(Giovanni Torlonia)

的命令,瓦拉迪尔为教堂设计了新的立
面。这位罗马的建筑师很快涉足诸如城市
设计一类问题,最初设计了佛拉米尼亚路
(1805年),随后设计了帝国广场的人行
道(1811年)。由于瓦拉迪尔着迷于古
罗马的遗迹,于是他修复了米尔维奥桥
(1805年)和提图斯凯旋门(1811年)。
1819年,他设计了瓦莱剧院(Teatro
Valle),该建筑典雅优美,时至今日仍然
可以正常使用。他还设计了圣洛可教
堂,靠近老的里佩塔港口,该建筑正立面
有一排科林斯壁柱,灵感来自于威尼斯的
帕拉第奥式的圣乔吉奥大教堂。在城市尺
度上,他完全重新规划了位于拉特拉诺的
圣乔瓦尼教堂门前的广场以及邻近的花

园,而他的声誉最主要是来自重新规划的
人民广场,这样就最终完成了由佛拉米尼
亚路改造开始的城市翻新工程。人民广场
的原始形状为梯形,最初瓦拉迪尔考
虑保留原状,但旁边的平乔花园(Pincio
Garden)使他鼓起勇气扩建广场的空间,
变成椭圆形状,因此创造了相互关联并引
人注目的空间。

约翰·纳什

从空中俯瞰沃里克城堡（Warwick Castle）及花园，兰斯洛特·布朗设计，1750年。沃里克，英国。

虽然艺术和自然的关系作为一个主题几乎贯穿了整个艺术史和建筑史，但是在18世纪的英格兰，有那么一段时期，这个主题找到了非常明晰的表达方式，那就"如画风"（Picturesque）。这个画派在法国也得到了发展，它们效仿洛可可风格，强调大自然的造化，在荒野中发现美和无规则等，因而产生了"受教化的"（educated）大自然这一概念，摒除了真正的自然中粗糙的一面，但同时又能保存其风貌。所以，如画风最好的范例出现在18世纪和19世纪英格兰的花园建筑中，就非偶然了。这些作品的灵感来自于17世纪法国伟大的画家诸如尼古拉·普桑（Nicolas Poussin）和克洛德·洛兰（Claude Lorrain），他们毫无保留地把这种新的感觉投入到了风景画中。很多建筑师都感受到了这一主题的魅力，其中杰出者有威廉·肯特（William Kent，1685—1748年）以及他的学生同时也是朋友的兰斯洛特·布朗（Lancelot Brown，1716—1783年），更为人知的是他的绰号"能干的布朗"。肯特和布朗可以被视为英式景观园林的创造者，他们在花园中布置树林、小块的草坪还有微型的湖泊（见《认识建筑》第39页）。约翰·纳什就是在这种文化氛围中成长起来的，但是他不能仅仅被视为一名景观建筑师，因为他在城市规划方面的成就也很卓越。

克洛德·洛兰，《德尔斐景色》，1650年。多利亚·帕姆菲利画廊，罗马，意大利。

● 生平和作品

英国建筑师及城市规划师约翰·纳什（John Nash）于1752年出生在伦敦，师从罗伯特·泰勒（Robert Taylor，1714—1788年），此人是横扫大不列颠的新帕拉第奥风潮中的佼佼者，年纪轻轻便取得了成功。受其鼓舞，纳什不到30岁便成立了自己的工作室，然而这个举措后来证明是灾难性的，因为破产的威胁迅速降临。因此纳什不得不和园林建筑师汉弗莱·雷普顿（Humphrey Repton，1752—1818年）合作。他在1783年和雷普顿一起成功地建立了一家合伙人公司，主要为富裕的中产阶级家庭以及贵族修建房屋。他最著名的作品之一便是建于布赖顿的皇家美术馆（见《认识建筑》第162页），于1818年完成，外观具有很明显的莫卧儿风格，而内部则带有中式风情。这次成功很明显地归功于崛起的大不列颠王国的

一幅当时的水彩画表现了位于布赖顿的皇家美术馆内部的中式走廊，约翰·纳什设计。

约翰·纳什，室内幻境画（Trompe l'oeil interior），格罗夫纳修道院（Grosvenor Priory），1798 年。伦敦，英国。

格罗夫纳修道院新古典主义风格大厦内的早餐厅，纳什创造了一种宛如置身鸟笼的幻觉。

约翰·纳什，纳什平台，1825 年。摄政公园，伦敦，英国。

纳什使用的这种建筑风格仿佛一件外衣，可以变换以适合特定场合。

对异域风情日益高涨的兴趣，这种兴趣遍布商务和文化两方面。殖民扩张也为各地艺术交流起到了促进作用，虽然这种方式和传统做法不大一样。当东方的艺术移植到西方时，便成了珍奇，惹人喜爱。纳什最好的机会来自于威尔士亲王，也就是日后的乔治四世（1820—1830 年），任命他设计伦敦的摄政公园以及周围连带的住宅区。在这个项目中，纳什建筑理念的中心——如画风——再次得到体现。公园以及花园（在 1838 年开放，纳什已去世三年）共占地 182 110 多平方米，周围是典雅的住宅区平台（联立房屋，见《认识建筑》第 159 页解释）。公园的设计中还包括了一条直通白金汉宫的游行用通道，两边是大型的广场（包括皮卡迪利广场和特拉法加广场）以及纯新古典主义风格的平台，这些都彻底改变了英国首都的外貌。

朱塞佩·萨科尼和
维托里安诺

很难找到一座纪念碑，比位于罗马的威尼斯广场上的维托里安诺（Vittoriano）——也就是维托里奥·伊曼纽尔二世（Vittorio Emmanuel Ⅱ）的纪念碑受到更多的批评。这座纪念碑也被称为"祖国祭坛"或是"无名战士纪念碑"，由朱赛佩·萨科尼（Giuseppe Sacconi）设计。所有的指责可以用记者乔瓦尼·帕皮尼（Giovanni Papini）无情的批评来总结：这个纪念碑像一个巨大的公厕。而流行于公众的一种诙谐的说法则是它像个巨型打字机。的确，如果我们想象一下 20 世纪初生产的那种粗糙的机械打字设备，这种比喻就很容易理解了。然而也正是这种指责反映了在 20 世纪的第一个十年，人们的品位变化之快。纪念碑揭幕时的效果肯定就像是考古发现的成果。从 1885 年开始，整个巴黎醉心于歌剧音乐中，然而这股热潮在 1894 年又很快结束了。所以，如果这座纪念碑不被视为前卫之作的话，那么它至少是完全忠实于当时的主流风格的。然而，当 1911 年纪念碑揭幕时，这种艺术氛围已经大为改变了。意大利当时正在经历未来派的潮流，毕加索已经画出了《亚威农少女》，而流行的建筑风格属于阿道夫·路斯。所以，帕皮尼刊登在《拉塞尔巴》（Lacerba）杂志上的冒犯之语也是可以理解的。

朱赛佩·萨科尼，维托里奥·伊曼纽尔二世纪念碑，1885—1911 年。罗马，意大利。

● 朱赛佩·萨科尼

朱赛佩·萨科尼于 1854 年出生在意大利中东部马尔凯的蒙塔尔托，在参加维托里奥·伊曼纽尔二世的纪念碑设计竞赛中脱颖而出，因此他的职业被定位为建筑师，那时萨科尼 30 岁。那时，建筑师们认为风格不过是件外衣，可以随着季节转换或者场合不同而更换。因此，这种转换对萨科尼来说很容易，他可以为白色的维托里安诺使用古典主义风格，也可以把通用保险公司的总部设计为 15 世纪巴勒的宫殿（第 19 页）作品的翻版。当然，后者的这种选择是必要的，这种设计在广场的对面创造出了流线型的效果，而这个广场是为了修建维托里奥·伊曼纽尔二世的纪念碑而专门推倒了一个区的老房子后建成的。从这个意义来看，萨科尼也可以被视作一位城市规划师，因为通过修建新广场和布置广场背景，他在市中心重新安排了建筑格局。在这座纪念碑竞争中的

胜利为他赢得了其他的项目，比如万神庙里的翁贝托一世（Umberto Ⅰ）墓，还有他的最后一项设计，位于蒙扎的救赎礼拜堂。由于维托利安诺的缘故，他备受责难，最终于 1905 年自杀，终年 51 岁。

● 维托里奥·伊曼纽尔二世的纪念碑

为了理解维托里奥·伊曼纽尔二世纪念碑修建时的艺术氛围，我们可以拿一件较早的作品进行对比，这件作品由古斯塔夫·克利姆特（Gustav Klimt，右）创作，旨在宣扬罗马精神。这似乎能证明，为维托利安诺选择的耀眼的波提西诺白色大理石，是追述古罗马辉煌的最佳材料。在青铜制作的维托里奥·伊曼纽尔二世骑马像的周围，是一圈柱廊，下方是两组带翼的胜利女神。在台阶两旁是亚得里亚海和第勒尼安海的雕像。无名战士墓矗立在纪念碑前方。

朱赛佩·萨科尼，维托里奥·伊曼纽尔二世纪念碑，1885—1911。罗马，意大利。

为了给纪念碑挪出空间，卡洛·丰塔纳设计的圣丽塔教堂（1665年）和巴勃宫的花园被搬走了。

古斯塔夫·克里姆特，《陶尔米纳剧场》（The Theater of Taormina），城堡剧院天花板，1886—1888年。维也纳，奥地利。

背景中的白色大理石建筑与维多里安诺的风格非常相似。大理石与青铜的组合也非常贴近时代。

朱赛佩·萨科尼，维托里奥·伊曼纽尔二世纪念碑门廊内部，1885—1911年。罗马，意大利。

维奥莱-勒-杜克

哥特风格在19世纪的复兴给维奥莱-勒-杜克的建筑和著述带来了极大的影响。他的研究涉及了哥特风格的方方面面：从服装、珠宝、器具到室内设计和建筑。而且，当时的画家，例如拿萨勒画派和拉斐尔前派，对中世纪重新产生了兴趣，这使得哥特风格的复兴深入到了19世纪文化的方方面面。维奥莱-勒-杜克的文化活动可以分为三个不同的领域：艺术史、中世纪纪念建筑的修复，以及建筑学本身。然而，我们还必须考虑到他的作品和著述对以后的几代人产生的影响，才能完全理解他的重要性。虽然有些艺术家的观点与他的美学主张毫无共同之处，但是还是很明显地受到了他在哥特建筑风格方面理论的影响，这些艺术家包括维克多·霍尔塔（1861—1974年），安东尼·高迪（1852—1926年），弗兰克·劳埃德·赖特（1869—1959年）和勒·柯布西耶（1887—1965年）。他们或多或少地都受惠于维奥雷-勒-杜克。

城堡景象，1849年开始修复。卡尔卡松，朗格多克，法国。

卡尔卡松是法国中世纪以来最有名的军事建筑。

● 生平和作品

欧仁-埃马纽埃尔·维奥莱-勒-杜克(Eugène-Emmanuel Viollet-le-Duc)于1814年1月21日生于巴黎，家境富裕，而且父亲是一位政府高官。他的祖父是著名的艺术史学家兼画家艾蒂安·让·德莱克吕泽（Etienne Jean Delècluze，1782—1863年），因此他从小在家里就浸润在法国先进且高度发达的文化氛围中。在跟随建筑师让-雅克·于韦（Jean-Jacques Huvé，1783—1852年）和阿希尔·勒克莱尔（Achille Leclère，1785—1853年）学习了一段时间以后，他开始在法国和意大利广泛游历，完成了专业学习。他在绘画方面的天才在1834年就得到了沙龙的认可，但是由于他从学生时代起就强烈反对巴黎美术学院（Beaux-Arts）的古典教育模式，这使得他不可能获得大学教师的职位。作为权宜，他选择进入绘图学院，发展自己对中世纪建筑和考古方面的兴趣，同时保持对19世纪浪漫主义的关注。在他年仅26岁的时候，当时的文物建筑总监普罗斯珀·梅里美（Prosper Mérimée，1803—1870年）任命他修复最著名的中世纪教堂之一：建于12世纪，位于维泽莱的圣玛德莱娜教堂(Sainte-Madeleine at Vézelay)。这是他职业和人生中最大的转折点。随之而来的就是修复其他重要的文物的任务，比如位于巴黎的圣礼拜堂（Sainte-Chapelle），他和让·巴蒂斯特·拉叙斯（Jean Baptiste Lassus，1807—1857年）合作，于1840年开始修复。维奥莱—勒—杜克很快成为法国最

维奥莱-勒-杜克，《卡尔卡松城堡的纳尔博尼斯大门经修复的正立面图》，1849年。

圣礼拜堂内部，1840
年修复。巴黎，法国。

维奥莱—勒—杜克，巴黎圣母院西楼顶部的怪兽
滴水嘴，1844—1864 年。巴黎，法国。

*这些滴水嘴是维奥莱—勒—杜克按照哥特复兴风
格设计的，当时巴黎的教堂在普遍修复。*

有名的中世纪文化专家，1844 年他受命
修复法国最著盛名的大教堂——巴黎圣
母院（1163—1320 年），维克多·雨果
在他的历史浪漫主义巨作《巴黎圣母院》
（1833 年）中将其作为背景。但是，这
位法国建筑师所接手的最棘手的修复工
程，是法国南部由围墙围住的卡尔卡松城
堡，工程于 1849 年开始，同年他还修复
了亚眠大教堂。维奥莱—勒—杜克把他广
博的建筑知识编纂成了一系列的参考书，
在长时间内被视为有关中世纪艺术的最
重要的著作〔特别是《法国建筑辞典》
（*Dictionnaire Raisonné de L'architecture
Française*），1854—1868 年〕。然而同
时，他的美学思想在古典学术圈内遭到抵
制，被迫于 1864 年辞去美术学院艺术史
教席。于 1879 年在瑞士洛桑去世。

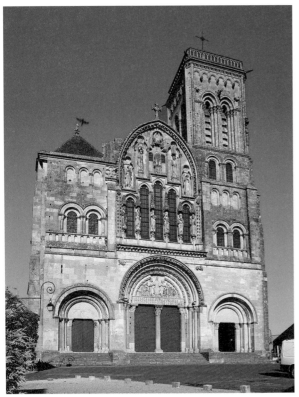

玛德莱娜教堂正门，
1840 年修复。维泽莱，
勃艮第，法国。

巴黎圣母院景象，
1844 年修复。巴黎，
法国。

英国国会大厦

19世纪中期，反对古典主义，青睐哥特复兴等风格的各色潮流迅速升温，这是一个免不了痛苦的过程。比如，维奥莱-勒-杜克就遭到巴黎美术学院的古典学派的抵制，被迫从艺术史系里退出。至少是在反对者心目中，出现这种敌意的缘故肯定是和人们对新哥特主义无条件的接受有关。数世纪以来，从希腊罗马文化中总结出来的风格被视为西方文化的唯一代表，而人们对新风格的接受将会把这种认同毁于一旦。而且对古典风格的认同表明了欧洲文化的拉丁根基，而拉丁文化造就了地中海区域唯一的帝国，也就是古罗马帝国，随后产生了神圣罗马帝国以及其他政权（如法国、德意志、哈布斯堡王朝、拿破仑王朝，等等）。而对哥特风格的接受则意味着（可能这种说法不是很恰当）对代表着特定国家语汇和状况的"独立的地方风格"的接纳。但是在这里，选择哥特风格来建造位于伦敦的英国国会大厦似乎是很自然的。由此看来，新哥特风格在政治方面也有着重要性，它强调了这个国家对自己独立的文化根基（至少是诺曼底人）的自豪。这座建筑建在古皇宫的遗址上，古皇宫建于11世纪，1547年，国王爱德华六世将其作为议会大厦，所以重建的选址选在这里并非巧合。1834年大火遭毁坏后，这座伟大的建筑综合体于1839年到1888年得到重建，依然是哥特式的华丽风格。

查尔斯·巴里和奥古斯塔斯·韦尔比·诺思莫尔·皮金，英国国会大厦，1839—1888年。伦敦，英国。

奥古斯塔斯·韦尔比·诺思莫尔·皮金，下议院内部，第二次世界大战后重建。国会大厦，伦敦，英国。

● 建筑师

整座建筑由两位英国建筑师合作完成。查尔斯·巴里（Charles Barry，1795—1860 年）在大火刚刚结束之后于 1834—1835 年举行的设计竞赛中获胜。1839 年破土动工，1852 年整栋建筑揭幕，但工程一直持续到 1888 年才结束。设计和总的安排来自于巴里，他以前的设计采用的是不同的风格（比如曼彻斯特的皇家艺术学院，采用希腊古典风格）。装饰方面则由奥古斯塔斯·韦尔比·诺思莫尔·皮金（Augustus Welby Northmore Pugin，

1812—1852 年）负责，每一个细节都认真对待。皮金同时也负责内部的，比如家具的安排，包括小到墨水瓶的其他内部物品。皮金本人也设计过一系列的教堂，包括诺丁汉教堂（1842—1844 年）和位于伦敦的圣乔治教堂，发表过一些有关哥特复兴的颇有影响的著述，他评价哥特复兴风格是一种"卓越超群的风格"。

● 结构

国会大厦占地 3 万多平方米，包括了下议院（在第二次世界大战中被轰炸毁坏

后于 1941 年重建）、上议院，以及在 13 世纪到 19 世纪期间被作为法庭的威斯敏斯特厅。整栋建筑基本为矩形，呈直线的一面对着泰晤士河，不规则的一面对着威斯敏斯特教堂。96 米高的钟楼以独特的外貌著称，内部包括了大本钟〔以本杰明·霍尔爵士（Benjamin Hall）命名，他安装了座钟和钟鸣设备〕，整栋钟楼有一种特有的庄严外表。西南角矗立的 102 米高的维多利亚塔比钟楼晚两年建成，1860 年完工后成为世界上最高的塔。

奥古斯塔斯·韦尔比·诺思莫尔·皮金，上议院楼梯，1847 年。国会大厦，伦敦，英国。

奥古斯塔斯·韦尔比·诺思莫尔·皮金，上议院皇家画廊，1847 年。国会大厦，伦敦，英国。

奥古斯塔斯·韦尔比·诺思莫尔·皮金，上议院内部，1847 年。国会大厦，伦敦，英国。

古斯塔夫·埃菲尔

这座由古斯塔夫·埃菲尔设计的巨大的铸铁铁塔本来只是用于 1889 年的万国博览会，但直到今天它依然矗立着，已然变成了标志性景观，点缀着巴黎的天空，象征着人们对时代进步和现代化的纯真信念。在埃菲尔设计的多座建筑当中，唯有它让"埃菲尔先生"名垂青史。

博览会机械展区照片，巴黎 1889 年。

这座建筑由建筑师夏尔—路易—费迪南·迪泰 (Charles-Louis-Ferdinand Dutert, 1845—1906) 与工程师孔塔曼·皮埃龙 (Contamin Pierron) 和沙尔东 (Charton) 为 1889 年的巴黎博览会设计，大胆地采用了金属和玻璃的结合，420 米长，118 米宽，49 米高，同时安装了移动式桥梁以供公众观赏展览的机械。

当年博览会俯瞰图解。

由于埃菲尔铁塔和机械展区的出现，金属建筑物在 1889 年的巴黎博览会上获得成功。

● 万国博览会

第一届万国博览会于 1851 年在伦敦举行，万国博览会在 19 世纪的欧洲公众生活中占有很重要的地位。随后的 20 世纪的博览会就不如以前频繁，所受的关注也减少了。博览会的初衷是为了宣传科技新成果并向公众展示它们的功能。为此，修建了许多巨大的展厅，但展览一结束，它们就会被推倒。这些展览会也促进了人们开发快速修建的工艺，这样就能在短时间内修建起临时性的建筑。这正好就是工程师埃菲尔所面临的挑战：在短时间内建起一座不低于 300 米（984 英尺）的铁塔。

● 埃菲尔铁塔

修建铁塔的主意在巴黎博览会召开的五年前就已成形，1884 年古斯塔夫·埃菲尔把这个项目派给了他的公司雇用的两名工程师：埃米尔·努吉耶（Émile Nougier）和莫里斯·克什兰（Maurice Koechlin）。当时，铁架桥梁已经出现，这激发了工程师们用这种技术修建金属巨塔的想法。换句话说，这座后来出现的铁塔最开始只是为测试材料的适应性和强度能否适合修建巨塔而建的。很多问题都值得一提，特别是风力的问题；正是对这个技术性问题的解决方案，决定了埃菲尔铁塔的外观，而不是出于审美的需

要，虽然它的设计者强调，铁塔的曲线经过了精心地计算，能够"深刻地体现美和力量"。这个技术方案是具有划时代意味的，反映了从工程师到建筑师群体里迅速发起的建筑技术革命。诚如所述，埃菲尔铁塔在这一方面的革命性是不言而喻的，而在当时却无人察觉。从埃弥尔·左拉到居伊·莫泊桑均对其美学价值提出了强烈的反对，而且很多工程师都预言这座塔将很快被推倒。当地的房东对埃菲尔的公司提出申诉，原因是在埃菲尔铁塔附近地区的房子很难租出去。整座铁塔于 1887 年 1 月开始修建，令所有人惊奇的是，居然在 1889 年 4 月 15 日就完工了。

埃菲尔铁塔，1884—1889年。巴黎，法国。

铁塔分为三层，依靠巨大的铁架支撑。

● 生平和作品

亚历山大—古斯塔夫·埃菲尔（Alexandre-Gustave Eiffel）于1832年生于法国第戎，18岁就获得了化学的学位，却转而到建筑工程行业找工作，以善于使用新材料和新技术见长。他修建的桥梁和高架桥为他赢得了声誉，1867年他成立了自己的公司，取名为埃菲尔之家（Maison Eiffel）。公司值得称道的作品有位于葡萄牙波尔图杜罗河上的玛利亚·皮亚桥和法国加拉比的特吕耶尔河高架桥。埃菲尔并不满足于使用传统材料建造他的作品，他把每一个项目都视为使用新技术方案的机会，用以提高建筑的结构和谐性和审美价值。

古斯塔夫·埃菲尔，特吕耶尔河上的高架桥，1880—1884年。康塔尔，奥弗涅，法国。

埃菲尔设计了160米长的拱形跨桥，使用了连接成束的金属架，在把风阻降到最低的同时最大限度地保证了建筑的强度和灵活度。

正在建设中的埃菲尔铁塔，照片拍摄于1885年左右。

背景是让-卡米耶·福米热（Jean-Camille Formigé，1845—1926年）同时期设计的圆形建筑物。

查尔斯·伦尼·麦金托什

从 19 世纪晚期到 20 世纪初期，文化圈内热烈讨论的话题之一便是工业、工艺和艺术三者之间的关系。工业生产能力的发展使得物品能够以相对低廉的成本大批生产出来，这被一些人视为是这些物品本身尊严的堕落，以及对生活质量和人文精神的威胁。这就是威廉·莫里斯（William Morris）的信条，他在 1861 年开始经营自己的家具装饰公司，他希望在提高艺术水准的同时，能够满足工业生产的要求。他的努力提升了在整个欧洲都得到响应的所谓的工艺美术运动。对这些问题特别敏感的，还有比利时的设计家兼建筑师亨利·凡·德·费尔德（Henry Van de Velde），他极力提倡的"一切为了艺术"，囊括所有艺术表达形式——建筑、绘画和雕塑。然而，苏格兰建筑师兼设计师查尔斯·伦尼·麦金托什（Charles Rennie Mackintosh）却反其道而行之。在 19 世纪晚期的英国，人们对维也纳兴起的新艺术运动有着不同的看法，认为他们对美学价值过分关注。这一具有前瞻性的观点在后来也得到了凡·德·费尔德本人的肯定，他在 1924 年发表的文章中阐述了"理性的美学"，认为美和形式应该"对目前那种有害的寄生虫般的幻想保持免疫"。从这一点来看，麦金托什代表了英国人对新艺术运动美学观点的看法：即现代风格（见《认识建筑》第 165 页）。

查尔斯·伦尼·麦金托什，山间住宅，1902—1906 年。 海伦斯堡，格拉斯哥，苏格兰，英国。

房子在一座山顶上，俯瞰距格拉斯哥 22 公里的克莱德河的河口。应房主沃尔特·布莱基（Walter Blackie）的要求，麦金托什还设计了周围的花园。

查尔斯·伦尼·麦金托什，山间住宅里面的白色卧室，1902—1906 年。海伦斯堡，格拉斯哥，苏格兰，英国。

在室内使用的织物、起居室以及卧室墙壁上抹灰装饰花边的设计方面，麦金托什得到了夫人玛格丽特·麦克唐纳的协助。

● 生平和作品

麦金托什于 1868 年出生在英国的格拉斯哥，在故乡的艺术学校学习建筑学。从 1884 年到 1889 年，他在夜校学习，白天则在建筑师约翰·赫金森（John Hutchinson）的工作室工作。正是在这段学习生涯期间，他与亨利·麦克内尔（Henry MacNeir）以及弗朗西丝和玛格丽特（Frances and Margaret MacDonald）姐妹建立了终生的友谊，这两姐妹后来嫁给了这两位建筑师。这四个好朋友的专业兴趣相同，作为建筑师和画家，人们称他们为"四人组"（The Four），他们一起合作，成功地完成了许多设计。22 岁的时候，查尔斯得到了一笔馈赠，使他可以周游欧洲，磨砺自己的专业技能。回到英国后，他便被霍尼曼和凯皮建筑事务所（Honeyman & Keppie）录用，在 1894 年成为公司的合伙人。两年后，四人组受邀参加在伦敦举行的艺术和工艺展，展览上他们的作品受到了极大的关注。

1897 年，他赢得了设计新的格拉斯哥艺术学校的设计竞赛，其设计紧跟理性主义者的原则，即日后包豪斯学派的主张，虽然风格不尽相同。他为格拉斯哥艺术学校设计的新建筑（1897—1909 年）综合了苏格兰公爵风格、几何学和新艺术运动的主题。麦金托什在 1900 年维也纳分离派的展览上和 1901 年都灵的世界博览会上展出的家具设计提高了他的声誉，并且为他赢得了更多的项目。其中著名的有位于格拉斯哥的希尔住宅（Hill House），以其建筑设计与家具配置之间的和谐而闻名。麦金托什于 1928 年在伦敦去世。

查尔斯·伦尼·麦金托什，格拉斯哥艺术学校正面，1897—1909 年。格拉斯哥，苏格兰，英国。

该学校的建筑于 1899 年完工，1907—1909 年间扩建。

重修后的餐厅，查尔斯·伦尼·麦金托什在索斯帕克大街 78 号的住宅，由他本人设计，格拉斯哥郊区。

安东尼·高迪

对风格的定义能够帮助对某一特定时期的艺术作品进行整理和归纳，因而也给这些流派注入了历史意义，同时也有一些艺术家很难被归为某一流派，譬如安东尼·高迪（Antoni Gaudi），他的作品在建筑史上独具风格。虽然这位加泰罗尼亚建筑师被视为新艺术运动圈内一员，但是他的风格同样反映了表现主义的某些特征，这可以在位于巴塞罗那的巴特洛公寓（Batllo House）和门德尔松所绘的爱因斯坦天文台（见《认识建筑》第173页）的素描的对比中明显地看出来。除去那些明显的不同，高迪和表现主义的相似之处在于对猛烈的、具有穿透力的线条的运用，而这也只有拥有澎湃想象力的高迪能够运用自如。而且，从这位西班牙建筑师的建筑造型来看，他明显地受到了维奥雷—勒—杜克的影响，后者的著作也影响了他的艺术品位。这一点可以在他的杰作，位于巴塞罗那的圣家族教堂（Sagrada Familia）的建筑风格里看出来。这座建筑耗费了他生命的最后十年。最初设计（由他的前辈设计）采用了哥特复兴风格；建筑外表华丽绚烂，大胆地弯曲扭转建筑材料，仿佛它们是彩色的沙做的。的确，这座教堂给人的最初印象便是海滩上孩子们盖的沙雕。然而，高迪采用的工程方法却是高度精炼的，获得的结果是明显地游离于固定的法则之外。他最大胆的设计便是采用了有接口的斜柱，既能够承重，也能够和其他材料扣在一起，使斜拱没有必要存在。高迪作品的另一个显著的特征便是建筑兼有绘画的效果，建筑物的线条柔和，所采用的材料简单但色彩浓烈，赋予建筑物表面跳动的韵律。从这些方面看，高迪同时也受到了约翰·拉斯金（John Ruskin）和艺术与手工艺运动的影响。

安东尼·高迪，圣家族教堂尖顶的细节，1883—1926年。巴塞罗那，西班牙。

哥特式的尖顶经翻修后，明显地反映出作者对波罗米尼作品非常熟悉。

安东尼·高迪，米拉公寓正立面，1905—1910 年。巴塞罗那，西班牙。

安东尼·高迪，巴特洛公寓正面细节，1905 年。巴塞罗那，西班牙。

走在格拉西亚大道上就能看到巴特洛住宅，就在所谓的"不和谐区"。

埃里希·门德尔松，爱因斯坦天文台设计草图，1919 年。波茨坦，德国。

安东尼·高迪，盖尔公园长椅，1900—1914 年。巴塞罗那，西班牙。

● 生平和作品

　　安东尼·高迪于 1852 年生于加泰罗尼亚的雷乌斯，他来自一个工匠家庭（他的父亲是铜匠，高迪和他父亲一样心灵手巧），后来在巴塞罗那艺术学院学习建筑学。他复杂的美学价值观的形成受到了多方面因素的影响，包括所修的哲学和浪漫主义美学思想，以及他对维莱—勒—杜克著作的研究。高迪的第一批客户中有盖尔公爵（Count Güell），他是巴塞罗那一位富裕的企业家，非常有文化素养。高迪为他设计了盖尔住宅（1885—1889 年）和盖尔公园（1900—1914 年），后者完全是用瓷片贴成。高迪丰富的想象力使他最大限度地满足了传统工程的需要，同时也没有背叛自己的审美观点，在每一方面都有自己独一无二的创造，比如米拉公寓（Milà House），突破了传统的住宅建筑的美学标准。1882 年，他被任命完成圣家族教堂，当他于 1926 年去世的时候，只完成了四分之一。

安东尼奥·圣伊利亚

除了在科莫附近的圣毛里西奥建造了一栋小小的埃里西别墅（Villa Elisi，在分离派运动初期建成）外，意大利未来派建筑师安东尼奥·圣伊利亚（Antonio Sant'Elia）其余所有构想的、计划中的或是设计好的作品都不曾付诸建造。这并不是因为他不重视客户，或他本人的创作才能不被认可，只是他没有时间：他在第一次世界大战期间去世的时候，年仅28岁。虽然他的职业生涯短暂，构想只是以铅笔画或者油画的形式表现在纸张上，但他的构想对新世纪的建筑美学产生了深远的影响。在学生时代，圣伊利亚就在探究过自由派风格后，转向了未来派运动，并成为其先锋之一，这一运动是意大利新艺术运动的范本。事实上，他是《未来派建筑宣言》（*Manifesto of Futurist Architecture*，1914年）的原作者，后来这一宣言经过菲利坡·托马索·马里内蒂（Filippo Tommaso Marinetti）修改后发表。在文章一开头，圣伊利亚就直奔主题，并特别针对自由派的主张写道："现代建筑学要解决的问题并不是重新进行线性的安排，也不是为门窗寻找新的外形和框架，或是把柱子、束柱和枕梁换成女像柱、青蝇或者青蛙（明显是针对自由派的装饰）；真正的问题并不是把建筑正面的砖裸露着，还是用石灰敷上，或是用石材覆盖；简而言之，真正的问

题不是用外形来区别新式建筑和老建筑，而是要创造一种前所未有的新式房屋，把科学和技术娴熟地运用到其中……来确定新的形状，新的线条，一种在现代生活特有的条件下才会出现的建筑。"

换言之，"新式房屋"意味着新式建筑超越前人的形象，是这个新时代的产物，反映的是建筑核心思想的转变，而不是仅仅用椭圆形的窗户来代替长方形的，就以为表现出了现代建筑的特点。由于这个新时代与过去的任何一个时代都没有可比性，所以建筑师不应该再从传统或前辈身上汲取灵感，而应完全跟随科学和技术的引导。圣伊利亚继续写道："建筑学不应该沿袭传统和历史。它必须符合我们现在的思想，贴近当前的时代特征。"圣伊利亚认为，过去数世纪留下的传统（可以统称为不同主题的风格）和他所在的时代之间有着无法跨越的鸿沟，在他的时代，"机械设备的完善意味着对材料合乎科学的利用"。他或许是第一个如此清晰地剖析时代特征的人，他预见到了后来勒·柯布西耶和格罗皮乌斯所代表的风格。即使他的草图并没有提供完整的解决方案，而且尚留有对宏大建筑的追求，但是它们仍然反映了在维也纳分离派运动之后，席卷20世纪第一个十年的建筑潮流。

安东尼奥·圣伊利亚，埃里西别墅东端，1911年。圣毛里西奥，科莫，意大利。

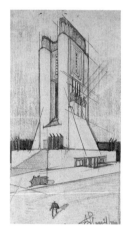

安东尼奥·圣伊利亚，《纪念碑》，1915年。市立博物馆，科莫，意大利。

安东尼奥·圣伊利亚，《纪念建筑》，1915年。市立博物馆，科莫，意大利。

安东尼奥·圣伊利亚,《发电站》,1914 年。

安东尼奥·圣伊利亚,《发电站》,1914 年。

安东尼奥·圣伊利亚,《米兰火车站设计研究》,
1914 年。市立博物馆,科莫,意大利。

● 生平

　　安东尼奥·圣伊利亚于 1888 年生于
意大利北部的科莫,并在那里学习技术。
年仅 17 岁,他便在米兰以建筑师傅的身
份工作,同时在布雷拉学院学习。他在博
洛尼亚大学获得了建筑学的学位,然后在
米兰建立了自己的工作室。1911 年,他
在圣毛里西奥建造了埃里西别墅,并于
1912 年加入未来派运动,次年开始设计
他所构思的"新城市"。他以志愿军的身
份加入意大利军队,于 1916 年 10 月在
蒙法尔科内战役中阵亡。

路易斯·亨利·沙利文

沙利文（Louis Henry Sullivan）著名的格言"形式服从功能"总结了这位美国现代建筑师的思想，他对于建筑风格的影响从19世纪末一直持续到20世纪头三十年。然而，沙利文的思想不是这一句格言就能完全诠释的。在其职业生涯末期发表的文章中，他写道："建筑不仅仅是一门艺术，供人们成功或不成功地演绎：它是一种社会现象。如果我们想要了解为什么有些建筑是现在的样子，我们就必须把目光转向人群，从他们身上寻找原因……因此，对建筑的批判研究其实就是对产生这种建筑的社会条件的探索。"所以，把这位建筑师经常被引用的名言进一步阐述，便可以得到这样的结论：建筑的功能不过就是由社会需要决定的，形式应该跟上社会的变迁，来满足其需要。沙利文说，为了达到这个目的，建筑师就应该创造相应的形式。他并非宣称社会是通过建筑而产生变化的，但是他确信这个原则可以帮助社会来解决问题。因而他说："我的目的不在于讨论社会环境，我把它们当成事实来接受，然后立即提出应该考虑那栋高楼是否能作写字楼，从一开始就把它当作一个需要解决的问题来考量，而且是一个重要的问题，需要一个严肃的解决方案。"他认为自己的使命就是为每一个问题找到合适的答案。而且，正如他1896年在《利平科特》（Lippincott）杂志上发表的一篇文章所说："我深信，按照自然的规律，每一个问题本身就含有解决的方式。"这里，沙利文再次围绕上文中出现的关键概念阐述了自己的观点。

还是在这篇长长的文章中，沙利文简单明了地描述了摩天大楼的设计方案。简而言之，他认为这种建筑在大体上应该有五个层次：带有供暖系统和其他实用设施的地下室；可以通过楼梯到达一楼；有宽大的会议室和会客厅；上面有数个楼层做办公室用（一排排垒起来，每一层均相同），外貌好似一个蜂巢；顶层是一个阁楼，内有"循环系统，该阁楼保持整栋大楼壮丽风格的完整"。

这种想法的代表作是位于布法罗的信托银行大楼，建成于1895年，在上面提到的那篇文章发表前一年落成。

路易斯·亨利·沙利文，信托银行大厦，1895年。布法罗，纽约，美国。

路易斯·亨利·沙利文和丹克玛·阿德勒，会堂大楼，1887年。芝加哥，美国。

这座建筑设计容纳4000人，反映出沙利文受到的他非常尊敬的亨利·霍布森·理查森（Henry Hobson Richardson）的影响。沙利文曾说，他在看到了理查森于1885—1887年设计的马歇尔百货批发商店以后，就下决心成为一名建筑师。

路易斯·亨利·沙利文，施莱辛格和迈耶百货大楼（现为卡森、皮里和斯科特公司），入口细部，1899—1904年。芝加哥，美国。

芝加哥的施莱辛格和迈耶百货大楼（现为卡森、皮里和斯科特公司，1899—1904年），出自一张20世纪20年代的照片。

路易斯·亨利·沙利文，农场主和商人联合银行，1919年。哥伦布，威斯康星州，美国。

入口精美的装饰同时参考了哥特复兴与维也纳分离派的特点。

● 生平和作品

　　这位"摩天大楼之父"于1856年生于波士顿，在麻省理工学院有过短暂的学生生涯，随后在1873年到芝加哥和波士顿的建筑工作室工作，后在巴黎美术学院完成了学业（1874—1876年）。1879年，他加入了芝加哥著名的建筑工程师丹克玛·阿德勒（Dankmar Adler）的公司。在两人合作的15年间，他们的革新创作包括位于芝加哥的大会堂和证券交易所，以及位于圣路易斯的韦恩莱特大楼。沙利文逐渐成为芝加哥派的领军人物，以修建钢结构的商业高楼著称。然而1893年的芝加哥世界博览会却对崛起的古典主义学院派加以推崇，此后，沙利文的事业开始衰退，与阿德勒的合作也宣告结束。他的后期作品有位于芝加哥的施莱辛格和迈耶百货大楼〔Schlesinger & Mayer，现为卡森、皮里和斯科特公司（Carson, Pirie, Scott & Co.）〕。沙利文于1924年逝世，享年78岁。

弗兰克·劳埃德·赖特

路易斯·亨利·沙利文的遗产不仅表现为他在建筑设计方面为建筑指出了新的发展方向（垂直）。在衡量他的影响力的时候，应该考虑他对弗兰克·劳埃德·赖特（Frank Lloyd Wright）这位20世纪美国最卓越的建筑家的影响，他曾在沙利文的工作室供职超过6年，并且经常提到他的重要性，称他为"令人敬爱的大师"。赖特发展并延续了阿德勒和沙利文工作室的设计理念，这一理念至少对三代建筑师产生了影响，而且不仅仅是美国的建筑师，此外他设计修建的建筑达到300多座。

弗兰克·劳埃德·赖特，威利茨住宅（Willits House），1902年。海兰帕克，伊利诺伊，美国。

赖特喜欢设计住宅，这座住宅是为沃德·威利茨设计的，围绕着垂直交叉的轴线组织空间布局。

● 有机建筑

在学生和大师之间，有一个主要的区别。沙利文接受的是欧洲的教育，他认为自己有义务捍卫自己的观点，与传统思维抗衡。然而相反地，赖特却觉得要更新传统的建筑是自然而然的事情，无须费力去捍卫自己或诽谤他人。他创新的动力来自于美国人的独立精神。赖特解释道："有机建筑或多或少地意味着有机的社会。基于此观念建造的建筑物不需要去受到美学或者仅仅是品位的条条框框的束缚，就像一个有机社会应该反对强加给它的违背自然规律的信条一样，如果这个社会里的人群对生活和工作感到开心，那么这个社会就应该反对强加给它和这个人群的个性相反的理念。"简而言之，一个自治的社会应该创造出新的建筑形式来满足自身需求。这并不是个充满开拓者的社会，严格地说，这是一个被美国开拓精神激励的社会，没有被欧洲古板的意识形态所束缚。

相应地，赖特所欣赏的住宅形式是英美的独门独户的住宅，他重新诠释何为开拓者的住宅，并以此来反映当代美国精神：宽大的屋檐盖住了走廊，空间横向发展，内部空间和外部环境之间有着不可分割的联系。这一概念在他位于宾夕法尼亚州的熊跑溪的名作流水别墅〔Fallingwater，即考夫曼住宅（Kaufman House）1936年〕中得到了极佳的反映。然而，如果不考虑日本文化（见《认识建筑》第168页）对赖特的影响，就无法理解他的作品。这种影响力可以从他一直在做的私人住宅设计中得到印证。此外还有美国印第安文化对他的影响。所有的这些促成了他为富有的工业家和职业人士设计的"草原式住宅"，比如位于芝加哥南部著名的罗比住宅（Robie House，1908—1909年）。

● 生平和作品

弗兰克·劳埃德·赖特于1869年生于威斯康星州的里奇兰森特（Richland Center），在威斯康星州立大学的工程学院求学。18岁那年，他进入了芝加哥建筑师詹姆斯·莱曼·西尔斯比（James Lyman Silsbee）的工作室工作，随后便到了沙利文的工作室。在欧洲游历两年后，他于1911年在威斯康星的斯普林格林定居，并设计了自己的住宅，取名塔里埃森（Taliesin）。这栋房子被翻修过几次（取名塔里埃森II和塔里埃森III），是赖特建筑实验的重要范例。从1916年到1922年，他旅居日本，1931年到1935年，他参与了"广亩城市"（Broadacre City）的城市规划项目，这是一个建立在草原上的把科技和自然融合起来的理想城市。1938年，他修建了西塔里埃森，综合了他关于有机建筑所有的思想。1943年到1958年间，他建造了自己的另外一座标志性建筑，纽约的古根海姆博物馆（Guggenheim Museum）。赖特在1959年以90岁的高龄辞世。

弗兰克·劳埃德·赖特，温斯洛住宅（Winslow House）外观，1910 年。福里斯特河，伊利诺伊，美国。

该设计清晰地反映出受到日本文化的影响。

弗兰克·劳埃德·赖特，霍利霍克住宅（Hollyhock House）中通向有顶人行道的台阶，1920 年。巴恩斯德尔公园，好莱坞，洛杉矶，加利福尼亚，美国。

这座加利福尼亚住宅的装饰是从当地的美洲文化获取的灵感。

弗兰克·劳埃德·赖特，西塔里埃森，1938—1959 年。马利科帕台地，帕拉代斯谷，斯科茨代尔，亚利桑那，美国。

赖特设计的西塔里埃森坐落在菲尼克斯北部沙漠中的马利科帕台地上，由几座建筑组成，包括他的住宅和教学中心。赖特买下了麦克道尔山脉脚下的这一大片土地，修建了他的冬季住所。

弗兰克·劳埃德·赖特，流水别墅，1936年。熊跑溪，宾夕法尼亚，美国。

这座著名的流水别墅是为埃德加·考夫曼设计的，是在赖特开始充分使用预制混凝土的时期设计的。

桂离宫

日本皇室的住宅桂离宫，位于京都，建于江户时期（17 世纪）。把桂离宫收录为本书的这一部分是因为在弗兰克·劳埃德·赖特、勒·柯布西耶以及当时的同行们的影响下，西方建筑开始受到了日本传统的影响。日本风味并非在这个时期才出现，人们只需回忆一下詹姆斯·麦克尼尔·惠斯勒（James McNeil Whistler）的名画《孔雀屋》（1876—1877 年）就能发现，西方世界在很多年前就着迷于日本的文化。但只是从赖特开始，西方的建筑师们才意识到了自己不仅仅是被日本的建筑所吸引，而且是在同一种风格上进行设计，并在自己的作品中对这一种风格进行了认同（见《认识建筑》第168 页）。关于这一点，我们可以从赖特

在 1932 年出版的自传的片段中看出，这位美国建筑师在结尾中写道，他耗费了数年时光追求的建筑形式上的简约，早就在日本的印刷品和建筑上清晰地表现出来了："后来我意识到日本的艺术和建筑是真正的有机结合体……因此它比欧洲当今或者古代文明中的任何一种艺术形式都更贴近现代。"几年之后，曾于 1933 年到 1936 年间住在日本的德国建筑师布鲁诺·陶特（见《认识建筑》第 173 页）表达了桂离宫是"永恒的整体"的观点，认为这个范例能够对丰富和提高西方 20 世纪建筑的质量有所帮助。而且，日式建筑内部的直线轮廓与蒙德里安油画中简单的几何结构非常近似，虽然两者并没有什么关系。

乐器间里接待室的滴水石和壁炉，1662 年。桂离宫，京都，本州岛，日本。

乐器间里三席的房间，1662 年。桂离宫，京都，本州岛，日本。

桂离宫的室内表现出显著的线性、轻盈和简约特点，这些特点深深地吸引着赖特。

皮耶·蒙德里安，《红、黄、蓝的构成》，1921 年。海牙，吉门特博物馆（Gemeentemuseum）。

靠近古书院主要入口的花园小门，17 世纪早期。
桂离宫，京都，本州岛，日本。

从东看桂离宫的三座主要建筑。桂离宫，京都，
本州岛，日本。

● 江户时代

　　该时期的名字来自于江户，现为东京这一城市的名字，1615 年成为首都，由德川幕府控制，德川家康在摧毁丰臣秀吉（死于 1598 年）的军队并占领大阪后，自己成为了日本的绝对领袖。江户时代持续了 264 年，政府闭关自守，反对所有海外的、尤其是欧洲对日本的影响，直到 1867 年德川幕府终结。在德川时期，整个日本民族广泛地吸收儒家思想，封建社会体系逐渐加强。经济政策也很严格，寺庙只有在被焚毁之后才能重建。日本的闭关自守在 19 世纪下半叶被美国的坚船利炮（见《认识建筑》第 168 页）轰开。

● 桂离宫

　　桂离宫属于一位皇室远亲八条宫，最初由丰臣秀吉在 1590 年修建起来，为了保护胡佐麻吕，后赐予智仁之名。八条宫家的养子以 "八条宫家" 之名创设（见《认识建筑》第 39 页），由茶道大师和造园家小堀远州（1579—1647 年）设计，周围是巨大的假山花园，占据了大片土地，缀以人工堤岸和湖泊。一连串静谧的风景旨在营造出随意和谐的气氛。这些风物都经过了细心挑选，每一样都可以独立成景，仿佛整个花园是展出不同景色的画廊。这种设计被称作 "合成"，灵感来自于叙事性的长篇画卷，风景一幅接一幅，好似独立的画面拼接在一起。古书院、中书院以及新御殿，是桂离宫书院的三个部分，整个桂离宫则由书院、茶屋、回游式庭园构成。前两部分是为了智仁亲王（1579—1629 年）建造，最后一部分是为其子智忠亲王（1619—1662 年）建造。乐器间建于 1662 年。三种建筑在一起的结果便是两种不同风格的混合："书院造" 是典型的中世纪寺庙以及坚固、气势迫人的武士住宅风格；还有 "日式自由风"（后来被称为数寄屋风）。当代著名的建筑师矶崎新认为，桂离宫对日本现代建筑的发展起到了基石的作用。

马塞洛·皮亚琴蒂尼

马塞洛·皮亚琴蒂尼（Marcello Piacentini）以及他的作品阐释了在法西斯势力从抬头到崩溃的这一时期（1922—1943 年）意大利建筑的复杂性。这一段时期是欧洲艺术主流思想过渡的时期，但却经常被误认为是空白阶段而受到漠视，而这位建筑师漫长的职业生涯及其卓越的作品，恰好是解说这一时期的最佳代表。

马塞洛·皮亚琴蒂尼，克里斯托·雷教堂（Cristo Re）的圆顶，1933—1934 年。罗马，意大利。

● 生平和作品

马塞洛·皮亚琴蒂尼于 1881 年生于罗马的一个建筑之家。在罗马美术学院就读以后，他师从于父亲，著名建筑师皮奥·皮亚琴蒂尼（Pio Piacentini）。虽然马塞洛紧紧跟随着时代的潮流，但是他的作品倾向于折中主义风格。他的成就主要展现在临时建筑方面，比如 1910 年布鲁塞尔博览会和 1915 年旧金山博览会临时修建的作品。然而，几年之后（1915—1917 年），他在罗马修建的科尔索电影院（Corso Cinema）却因其现代主义风格而引起了激烈的争论。皮亚琴蒂尼与欧洲其他国家的同行不同，他认为现代主义风格是建筑的唯一解决方案，而不是一种与伦理或存在的教条结合在一起的风格〔这一点从其作品安巴夏特利饭店（Hotel Ambasciatori）就能看出来，

线条勾勒仍然徘徊于折中主义和现代主义风格之间〕。有一点则能够对其行为加以佐证，一方面，他能够毫无困扰地接受法西斯的主张；另一方面，他也能够毫不费力地在理性主义的基础、以及从该基础上发展出来的法西斯的宣传之间找到折中点。这种思想使得皮亚琴蒂尼与名为 MIAR（意大利理性主义建筑运动）的年轻一代的理性主义建筑师（见《认识建筑》第 186 页）产生了公开的矛盾。虽然他很清楚地认识到人们需要现代的、功能化的建筑，但是他仍然坚信要照顾到传统和不同的背景，换句话说，也就是不要太激进。如果我们参考他的这一信条以及他那些令人叹服的建筑，就能够理解为什么很多意大利的城市会邀请他作为项目负责人和特约顾问。最早邀请他的是都灵市，1934 年到 1938 年间，他负责对新

马塞洛·皮亚琴蒂尼，大学城神学院，1936 年。罗马，意大利。

马塞洛·皮亚琴蒂尼和阿蒂洛·斯巴卡雷利
（Attillio Spaccarelli），协和大道，1934—1950 年。
罗马，意大利。

马塞洛·皮亚琴蒂尼，大学城内神智礼拜堂，
1948—1950 年。罗马，意大利。

马塞洛·皮亚琴蒂尼，司法厅，1933—1934 年。
罗马，意大利。

罗马大街的风格进行改造。

皮亚琴蒂尼可以被称为法西斯统治
时期意大利建筑风格的设定人。在该时
期内，他试图创造一种与法西斯集团的
思想相称的国家形象—— 一个融古罗马
与现代风格为一体的、高度效率化的国
家。我们可以在罗马的大学城看到一些
他最优秀的作品，他在那里担任建筑项目
负责人一职，设计了院长室和神智礼拜堂
（Divine Wisdom）。当时法西斯集团还企
图在现在 E42 地块举行博览会以庆祝法
西斯的胜利，同样由皮亚琴蒂尼担任建筑
负责人，但后来由于战事，地点改到了罗
马郊区。在那里，皮阿亚琴蒂尼设计了意
大利文明宫，该建筑简洁的线条和敦厚的
壁垒对当时一些浮华自满的设计风格给
予了打击。法西斯政府倒台后，皮亚琴蒂
尼因为他设计的协和大道遭到了最严厉
的批评，这条宏伟的大街直通圣彼得广
场，意在完成教皇亚历山大七世的旧梦。
皮亚琴蒂尼于 1960 年去世。

勒·柯布西耶

要想完整地阐释勒·柯布西耶（Le Corbusier）是一件不可能的事。若要寻找与之比肩的人物，人们可能会想到的毕加索：正如这位画家引导了当代艺术的潮流走向，这位建筑师也以毋庸置疑的大手笔铺陈了当代建筑学的发展方向。同时，也值得一提的是柯布西耶的画风更接近于费尔南·莱热（Fernand Léger），两人建立了友好的合作关系。无论如何，从他的想象力和创造力，涉足的艺术领域，以及对后人的影响力而言，勒·柯布西耶都可被视为20世纪最重要的建筑师之一。他把艺术家这一概念在最广泛的意义上作了诠释：他是一位建筑师，同时也是画家、雕塑家、家具设计师、城市规划师，并且还是位建筑理论家——对于建筑理论，他认为是一项有社会意义的任务，

同时也是升华人类精神的渠道之一。他参与的《雅典宪章》（Charter of Athens），可以被视为设计新城市的宣言和手册，其中部分章节阐明了他的立场，并不仅仅局限于城市规划。这篇文章写于1933年举行的国际建筑师大会第四次会议，1942年匿名发表。文中，勒·柯布西耶指出："当今的绝大部分城市布局杂乱无章。无论从哪一方面来看，这些城市与其修建目的都毫不相符，无法满足居民基本的生理和心理需求……强势的经济力量、软弱的行政力量和脆弱的社会稳定性之间达成的平衡遭到了来自私人利益所形成的暴力的毁灭性破坏。在城市建设中，各种物体的大小最终只能以人的尺寸为准。"作为理性主义建筑的领军人物（见《认识建筑》第180页），勒·柯布西耶相信逻

辑和理性是解决苦恼和杂乱的良药。因此他重新提出了文艺复兴运动中的概念"黄金分割"，基于"模度"原则（见《认识建筑》第8—9页），不仅把它运用在建筑上，而且同样用于人体。出于同样的原因，他竭尽全力设计合理的结构，每一处都与人的感受相关。

然而，这种冷漠的逻辑最终连他本人也无法满意，所以，在重新挖掘了现有理论中潜在的情感因素后，他创造了一个新的风格——粗野主义（见《认识建筑》第183页）。勒·柯布西耶的这一创新把人们从当时对实用主义和理性主义的绝对膜拜中分离开来，从而踏出了为20世纪建筑风格的全面修订以及其他风格的复苏的第一步。

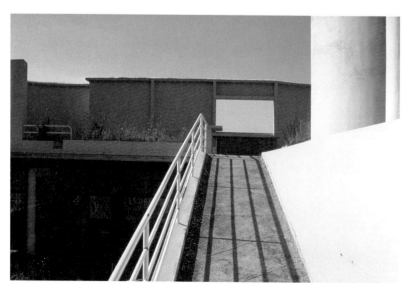

勒·柯布西耶，瓦赞计划，1925年。勒·柯布西耶基金会。

勒·柯布西耶，萨伏伊别墅内部细节，1928—1930年。普瓦西，法国。

勒·柯布西耶，议会大厦，1956—1965年。昌迪加尔，印度。

夏尔—爱德华·让纳雷（Charles-Edouard Jeanneret）以勒·柯布西耶闻名于世，于1887年生于瑞士的拉绍德封，1900年到1905年间，他就读于当地的实用艺术学校。在19岁到33岁之间，他游遍欧洲和中东，进行素描创作，摘记建筑心得。他曾为约瑟夫·霍夫曼在维也纳的工作室（1907年）、奥古斯特·佩雷在巴黎的工作室（1908年）以及彼得·贝伦斯在柏林的工作室（1911年）工作。他的第一个设计（未曾修建）是为名为多米诺住宅（Dom-Ino house，1914—1915年），是一座简单的预制二层楼。1917年，他搬到了巴黎，开始致力于绘画。1922年，他与表兄皮埃尔·让纳雷（Pierre Jeanneret）联合建立了建筑设计工作室。1925年，他为巴黎的重新规划提供了"瓦赞计划"（Plan Voisin），成为了城市规划领域中非常有影响力的作品之一。1948年，他发表了《模度》一书，一本关于比例的手册。作为现代主义运动和国际风格的领袖人物的勒·柯布西耶于1965年逝世。

勒·柯布西耶，夏洛特·皮埃朗（Charlotte Pierrand），皮埃尔·让纳雷，长椅，1928年。

这种长椅由卡西尼（Cassina）家具公司从1965年开始生产。

勒·柯布西耶，拉图雷特修道院（Convent of Sante Marie de la Tourette），1957—1965年。罗讷—阿尔卑斯，法国。

瓦尔特·格罗皮乌斯

瓦尔特·格罗皮乌斯和阿道夫·梅耶，法古斯工厂，1911—1914 年。下萨克森，德国。

瓦尔特·格罗皮乌斯（Walter Gropius）的职业生涯被第二次世界大战分割为两个各具特色的时期。受彼得·贝伦斯的影响，处于第一时期的瓦尔特·格罗皮乌斯更具德国特色，是一位锐意进取的建筑师。在第二时期，他已经成为了美国人，既是建筑师，也是商人。早期的格罗皮乌斯是理性主义建筑的领军人物，而后期的他仍然在追求理性主义和对于国际风格的构建，虽然有时力不从心（见《认识建筑》第 182 页及以后）。

● 作品和生平

瓦尔特·格罗皮乌斯于 1883 年在柏林的一个建筑世家出生，父亲和祖父皆为建筑师。最初他在慕尼黑学习建筑（1903—1904 年），随后到柏林（1905—1907 年），在西班牙游历之后，他在随后的三年内师从彼得·贝伦斯。在贝伦斯的引导下，他不但在技术方面得到培训，而且也对德国现状有了亲身体验，考察了创造力和新兴工业之间的关系。就在那个工业化进程迅速发展的时期，一群建筑师，包括贝伦斯，对威廉·莫里斯发起的艺术与手工艺运动表示欢迎，并成立了一个叫作德意志制造联盟的机构，称其目的为"从艺术、工业、工艺和手工劳动中挑选最好的"。和英国与法国相比，德国缺乏

近代的建筑传统，因此对新概念能够更快地实施。1910 年，格罗皮乌斯独自建立了一个工作室，并与阿道夫·迈尔（Adolf Meyer）合作，后者对他在绘画方面的缺憾进行了弥补，两人的合作持续到 1925 年。德意志制造联盟（格罗皮乌斯与其的关系从 1907 年保持到 1914 年）对批量生产并无偏见，而且成为了包豪斯的前身（见《认识建筑》第 31 页和 179 页）。在此期间，法古斯工厂也得以完成（见《认识建筑》第 64 页），并使得格罗皮乌斯声誉鹊起。在此期间，人们对科技的进步持有一种狂热，而他设计的目的就是要让人类与科技和谐共存。然而，让格罗皮乌斯得到在几所大学任教的原因，却是他在室内设计方面的成就。第一次世界大战结束后，

瓦尔特·格罗皮乌斯和阿道夫·迈尔，法古斯工厂的内部楼梯，1911—1914 年。下萨克森，德国。

他接受了魏玛两所学校的邀请，担任校长，后来这两所学校在 1919 年合并成为了国立包豪斯（Staatliches Bauhaus）。1925 年，格罗皮乌斯在与迈尔决裂后，设计了位于德绍的新校址（见《认识建筑》第 178 页）。这是格罗皮乌斯职业生涯中最富创造力的阶段，从设计乌托邦式的整体剧场（1926 年，见《认识建筑》第 59 页）到颇具新意的公寓楼，从德绍城的城区更新（见《认识建筑》第 179 页）到为该城市的职业介绍所设计统一独特的建筑。1933 年纳粹上台后，格罗皮乌斯被责难为"建筑界的布尔什维克"，他不断遭到排斥，最终移民到了英国，在英国，他得到了建立一所英国的包豪斯的机会。然而，对他来说，更实在的机会则是为温莎地区设计一处住宅区的任务。也是在伦敦，格罗皮乌斯出版了广受推崇的著作《新建筑与包豪斯》（*The New Architecture and the Bauhaus*，1935 年）。1937 年，他接受了哈佛的邀请，迁居到了美国。1945 年，他与一群年轻的建筑师一起组成了事务所（TAC），这是一个工作室，在此他设计了一些标志性的建筑，比如曼哈顿的泛美航空大楼（见《认识建筑》第 185 页）。格罗皮乌斯于 1969 年去世。

瓦尔特·格罗皮乌斯，校长楼的东南角。德绍，德国。

格罗皮乌斯为德绍的包豪斯的设计还包括学校附近树林处的教职工住宅。其中有两栋为教授修建的住宅以及一栋为校长一家修建的独户式住宅，而校长就是格罗皮乌斯本人。

瓦尔特·格罗皮乌斯，包豪斯的报告厅，椅子由马塞尔·布罗耶尔设计，1925—1926 年。德绍，德国。

瓦尔特·格罗皮乌斯和阿道夫·迈尔，佐默费尔德住宅（Sommerfeld House），1920—1921 年。柏林，德国。

这座建筑是包豪斯的第一件大型作品，被视为"整体艺术"的典范。

密斯·凡·德·罗

密斯·凡·德·罗（Ludwig Mies van der Rohe）和弗兰克·劳埃德·赖特与勒·柯布西耶一起，被视为 20 世纪建筑学的奠基人，他的职业生涯持久而辉煌，取得了极高的成就，而且始终坚持自己的理性主义原则和审美标准，从不妥协。

● 生平和作品

路德维希·密斯于 1886 年生于德国的亚琛（凡·德·罗是其母姓，他在 1922 年加到了自己的姓氏上）。他灵巧的手工和对细节的关注得益于父亲的教导，以及自身在抹灰装饰设计方面的实践，后者是他的故乡闻名于世的工艺。他从未取得过建筑学的学位，但是当他 20 岁移居到柏林后，便在各家建筑公司当学徒，其中一家以木制工程见长。1908 年，密斯加入了彼得·贝伦斯的工作室，和沃特·格罗皮乌斯以及勒·柯布西耶共事。1912 年，他创立了自己的工作室，在随

后的十年内，他所酝酿出的思想在建筑界被认为是具有革命意义的。他设计的摩天楼首次证明了利用玻璃建造外墙能够增加光照和透明度（见《认识建筑》第 99 页，第 184—185 页）。1922 年，密斯·凡·德·罗和格罗皮乌斯以及其他人一起，加入了"十一月集团"（名字来源于 1918 年魏玛革命的月份），这是一个表现主义运动组织，他们给自己的定义是"一个激进艺术家的组织——极端地反对传统的表现方式——激进地使用新的表现方式"。

这些原则与密斯这位德国建筑师的

重建的 1929 年在巴塞罗那举行的世界博览会上的德国馆，密斯·凡·德·罗和莉莉·赖希（Lilly Reich）。

德国馆遭毁坏后于 1986 年重建。

路德维希·密斯·凡·德·罗，伊理诺伊理工学院的克朗楼，1950—1956 年。芝加哥，美国。

路德维希·密斯·凡·德·罗，新国家美术馆，1962—1968 年。柏林，德国。

想法极其相符，他把它们运用到了自己在 1923 年的一项办公楼的设计中：整栋建筑就是一个用强化混凝土和玻璃做成的简单的方盒子，一览无余。密斯对这些原则稍微传统一些的运用体现在他所设计的位于古本的沃尔夫宅（Wolf House，已遭毁坏），而更新颖的使用则出现在位于柏林的卡尔·李卜克内西和罗莎·卢森堡纪念碑（同样遭到毁坏）。密斯在同期另一项重要的活动便是负责斯图加特的魏森霍夫（Weissenhof）住宅区，许多建筑师都参与了这项工程，包括勒·柯布西耶。在当时，密斯的最高成就是为 1929 年在巴塞罗那举行的世界博览会设计的德国馆。受格罗皮乌斯所托，密斯在其后的 1930 年到 1932 年间成为包豪斯的第三任校长，后来迫于纳粹集团的压力不得不关闭了学校。1938 年，他离开了德国前往美国，在芝加哥的阿莫尔技术学院任建筑学院院长，该学校是伊利诺伊理工学院的前身（ITT）。密斯为该校设计了克朗楼（Crown Hall），把他在外部设计和内部装修的经验发挥到了极致。密斯对建筑水平向发展的关注表现在柏林的新国家美术馆，而对垂直向的关注则表现在摩天大楼上。就前者而言，他认为空间像液体一样，是可以流动的，贯穿了建筑的整体结构；而对后者来说，摩天大楼的雄伟外观就像是一面闪闪发光的棱镜。

阿尔瓦·阿尔托

路易斯·亨利·沙利文和弗兰克·劳埃德·赖特对于有机建筑的理念在欧洲得到了独立发展，并形成了自己的特色。这个风格的领军人物之一便是芬兰建筑师阿尔瓦·阿尔托，与之同行的还有胡戈·黑林（Hugo Häring）、汉斯·沙龙和路易斯·康。他们的思想核心是，事物的发展会有自己的形式，不应该把事先准备好的几何"框架牢笼"强加给建筑。应用这个理论的结果便是，在可能的条件下，尽量避免合成材料的运用而采用天然材料，比如木材，这是阿尔托广泛使用的材料。一个经典的例子便是芬兰维堡市的公共图书馆报告厅，当初大部分人认为它在第二次世界战的战火中遭到了毁坏，而其实它只是被遗弃了十年，最近就重新恢复开放了。报告厅的天花板的形状是阿尔托特别设计的，能够使报告厅的音响效果达到最佳，它的样子仿佛声波的铸模，基于声波传播的"有机"形式设计，而不是采用预先设计好的几何外形。

阿尔瓦·阿尔托和埃莉萨·梅基纳米，市中心图书馆，工程始于 1951 年。赛伊奈约约基，芬兰。

阿尔瓦和埃诺·阿尔托，用弯曲的桦木板制作的扶手椅，1935 年。

● 生平和作品

胡戈·阿尔瓦·亨里克·阿尔托（Hugo Alvar Henrik Aalto）于 1898 年生于芬兰的库奥尔塔内，父亲是一位守林人。他的第一个建筑作品是他还在赫尔辛基理工大学读书的时候完成的，一栋他为父母在阿拉耶尔维设计的住宅。1921 年毕业后，他在哥德堡博览会的项目部工作了两年。在 1924 年结婚后，到意大利旅行并观摩古典建筑。这两件事给他的职业生涯带来了深远的影响。他与妻子埃诺·马西奥（Aino Marsio）保持了高产的合作关系，他妻子的名字印在他的每件作品上，直到她 1949 年去世。阿尔托的意

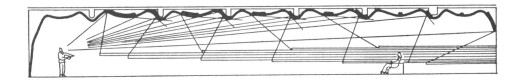

大利之旅为他设计于韦斯屈莱工人俱乐部（1924—1925年）提供了灵感，这是他的第一个重要作品，这一设计是向佛罗伦萨的致敬。真正让阿尔托成名的设计是帕伊米奥结核病疗养院（见《认识建筑》第61页），疗养院横跨大片的绿色景地，与周围环境融为一体。设计考虑了太阳的运行轨迹，使病人能够最大限度地享受阳光和热量（对于芬兰这样的国家而言是很珍贵的）。阿尔托并未仅仅局限于整个建筑的框架设计，而是包揽了外部和内部方方面面。为了实现他设计的夹板和曲面家具，他甚至建立了一间车间进行实验加工，后来转型成为一家公司，名叫阿特克

（Artek），由埃诺掌管到1942年。这样艰苦卓越的努力，终于在1937年得到了国际的认可，纽约现代艺术博物馆为他举办了一次作品展。他与美国的关系在不同的阶段继续着：1939年，他返回美国，在纽约博览会上建造了芬兰馆，得到了赖特的高度赞扬（他宣称"阿尔托是个天才"）。第二次世界大战和1944年苏芬战争一结束，阿尔托便开始从事城市规划项目，例如位于拉普兰的罗瓦涅米的工程。他于1952年再婚，妻子埃莉萨·梅基纳米（Elissa Mäkiniemi）仍然是位建筑师，并开始与他合作。阿尔托与妻子一起做了一系列设计，包括赛伊奈约基市的市中心

建筑，由一座新教圣会教堂、教区楼、公共图书馆和社区剧院组成。同样重要的还有他对赫尔辛基城区和建筑的更新，这项工程从1960年开始。阿尔托还在其他地方工作过，远东、德国、丹麦（奥尔堡艺术博物馆），以及意大利（锡耶纳的文化中心和博洛尼亚附近的里奥拉·迪·威尔加托的教区楼）。他于1976年逝世。

巴西利亚

卢西奥·科斯塔，巴西利亚建设方案——飞机形平面，1954年。

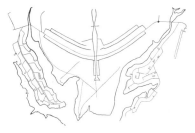

巴西利亚景象，包括辟为住宅区的岛屿。

在许多国家脱离殖民地行列的进程中，它们需要创造一种属于本国的建筑风格来提升国民的身份认同感，巴西便是面对这一挑战的国家之一。因此，从广义上来看，巴西利亚这个城市的建成便代表了巴西选择的建筑风格是建立在欧洲理性主义的理论基础上，特别是勒·柯布西耶的概念上实施的结果。事实上，这位伟大的法国现代主义大师的确是收到了巴西建筑师兼城区规划师卢西奥·科斯塔（Lucio Costa）的邀请，为这个新城市建设做顾问。他们达到了这个工程的双

重目的，国际上的评论已经承认了巴西的现代建筑与世界处于同步发展的状态。另外一个呈现出来的极佳的机会便是，人们有可能像在实验室里一样考察一个城市有机体的合成。维也纳数学家兼建筑师克里斯托弗·亚历山大（Christopher Alexander）在1936年研究后发现，建筑师们设计一座"人造"的城市的心理发展过程，最终可被分析作是树状解析图。相比而言，拥有悠久历史的或是"自然的"城市的发展模式则复杂许多，当今专家们只能通过精密计算机的辅助来再现。

● 城市的历史

巴西利亚的建造应当与20世纪50年代到60年代中期巴西优厚的经济条件联系起来。教育部、卫生部以及总统儒塞利诺·库比契克·德奥利维拉（Juscelion Kubitschek de Oliveira）发起了这座新的联邦政府首都的建设，这座城市位于戈亚斯高原上，处于一个人工湖畔的联邦政府行政区内。城区基本规划貌似一架喷气飞机，两翼由住宅区和商业区占有，政府的建筑位于中央的机身部分。主干道约10公里长，把住宅区的"超级街区"划分开来，每个片区辐射几百米，拥有各自的学校、教堂和市场。立交桥和地下通道代替了平交路口。无人定居的地带分布在一条约11公里长的弯路两侧。这套方案

三 权 广 场 景 象，
1958—1960 年。巴西
利亚，巴西。

奥斯卡·尼迈耶，政
府大楼，1958—1960
年。巴西利亚，巴西。

部分地反映了勒·柯布西耶的研究成果，他在 1929 年参与了几座南美城市的规划。

● 建筑师

卢西奥·科斯塔（1902—1998 年）在 1956 年赢得建造巴西利亚的设计竞赛时，就已经是一位享誉世界的建筑师了。他与另一位著名建筑师、巴西同乡奥斯卡·尼迈耶（Oscar Niemeyer，1907—1998 年）合作，在勒·柯布西耶的建议下修建了位于里约热内卢的教育和卫生部大楼，现名为文化宫。巴西利亚的喷气飞机外形象征着进步和现代，或许也代表了巴西在 1954 年推翻专制统治后，将"起飞飞向"民主。并非巧合的是，推荐这种城市外形的建筑师正是《雅典宪章》（第 348 页）的拥护者。市中心的标志性建筑由尼迈耶设计，引人注目的有三权广场和政府三个主要部门（行政、立法和执法）的办公大楼。广场上有一对冲天的摩天大楼，这是行政部门的办公地点，另外还有横向建造的国会大楼。

奥斯卡·尼迈耶，城市教堂细节，1958—1960 年。
巴西利亚，巴西。

卢西奥·科斯塔和奥斯卡·尼迈耶，教育和卫生
部大楼，现为文化宫，1936—1943 年。里约热
内卢，巴西。

悉尼歌剧院

从歌剧院远眺悉尼港和悉尼港大桥，1957—1973年。杰克逊港，悉尼，澳大利亚。

澳大利亚的悉尼歌剧院由丹麦建筑师约恩·伍重设计，于20世纪50年代末开始建造，1973年完工，多年来一直被视为优秀的先锋作品。歌剧院显著的视觉效果使得它成为人们谈及建筑学的未来时最频繁举出的例子。这种效果类似于"埃菲尔铁塔效应"，悉尼歌剧院已经成为了全球公认的澳大利亚的标志。因此，伍重的这个杰作成为了建筑史上划时代的作品，被纳入了20世纪下半叶名建筑"族谱"。

● 建筑师

约恩·奥贝格·伍重（Jorn Oberg Utzon）于1918年生于丹麦首都哥本哈根，在当地的皇家艺术学院学习，师从凯·菲斯克尔（Kay Fisker，1893—1965年）。1940年到1945年间，伍重旅居斯德哥尔摩，受到了贡纳尔·阿斯普伦德（Gunnar Asplund，1885-1940年）的影响，明显的例子便是对细巧的钢架支撑的大片玻璃板的运用。回到祖国后，伍重一年内工作密度很大，并于1946年迁居到赫尔辛基，加盟阿尔瓦·阿尔托的工作室。三年后他到美国旅游，与弗兰克·劳埃德·赖特相遇。然后他继续前行到达中美洲，观摩了玛雅文明遗迹，并从中得出

了结论：建筑物只由两个因素构成，一个是底座；一个是屋顶。1950年，32岁的伍重在哥本哈根建立了自己的工作室。第一个重要的作品便是位于海勒拜克（哥本哈根以北）建筑师本人的住宅，灵感来源于赖特的有机建筑说。他的职业生涯真正得以改变的转机便是1957年，这年他在悉尼歌剧院的设计竞赛中胜出。为了能够保证工程监察的细节，他在1962年搬到了澳大利亚，一直住到1966年。其间伍重还有其他作品问世，例如赫尔辛格的金格住宅区，以及弗劳恩斯堡的住宅区（位于丹麦），这两处房屋的安排与地形地貌结合得严丝合缝。1964年，他赢得了苏黎世剧院的设计竞赛，并为这个项目一直

约恩·伍重和彼得·赖斯，剧院屋顶细节，1957—1973 年。杰克逊港，悉尼，澳大利亚。

约恩·伍重和彼得·赖斯，悉尼歌剧院，1957—1973 年。杰克逊港，悉尼，澳大利亚。

空中鸟瞰杰克逊港和歌剧院。杰克逊港，悉尼，澳大利亚。

工作到 1970 年，然而这座剧院却从未付诸建造。1972 年到 1987 年间，伍重设计了科威特城的议会大楼，被视为他晚期作品中最优秀的一个。他从沙漠游民贝都因人身上汲取了灵感，议会大楼的设计似乎是在阐述阿斯普伦德的论述："遵循当地的风格比追随时尚更重要。"他近期的作品中比较重要的，是他在 1995 年为自己在马略尔卡半岛设计的住宅。

● 歌剧院

悉尼歌剧院的三个部分功能分明，却又和谐相连：基座、四个演出厅和多层的屋顶。屋顶这一部分最后出了问题，伍重意识到，每一片屋顶应该是独立的，要想达到理想中的圆形，直径需长达 75 米。由此产生的高昂的造价最后迫使伍重把这部分工程转交他人完成。歌剧院标志性的屋顶仿佛迎风展开的船帆，由预制的强化混凝土外贴瑞典产的霍根斯白色瓷砖，贝壳形屋顶由混凝土支架支撑〔由工程师彼得·赖斯（Peter Rice）安装〕。

丹下健三

时至 20 世纪中期，理性主义风格的影响遍及全球，已经成为了世界性的建筑语言，在不同的文化中得到了不同的阐释。日本建筑师兼城市规划师丹下健三是国际风格的杰出代表之一，他在以下两方面扮演了关键角色：一方面，他为这个西方传来的建筑理念在日本的传播做出了贡献，而另一方面，通过他本人精妙的和式思维，他使得这一思想越发丰富。

● 生平和作品

丹下健三于 1913 年出生在日本南部的今治市。1935 年到 1938 年间就读于东京大学，并在前川国男（1905—1986 年）的工作室完成了学业，后者曾与勒·柯布西耶在巴黎共事。在拿下研究生学位的一年后，丹下于 1946 年留任东京大学，成为教授，一直工作到 1974 年。1946 年，他成立了自己的工作室，工作室的名字不断改变（从 1985 年开始，称作丹下健三事务所）。1949 年，他接到了第一个重要的任务：设计广岛和平中心，他的设计表达出了设计者对这座在四年前遭遇原子弹爆炸摧毁的城市的敬意。他在国内的崭露头角却引来了日本文化界的争议，特别针对他设计的东京都市政厅。这座建筑按照勒·柯布西耶的理念设计，悬架在古典的柱子上，但丹下特别注意到了前方有人行道围绕的广场和周围环境的空间衔接，为此他设计了一座传统日式花园。然而，直到 1959 年他获得了国际建筑成就奖，才最终终止了国人对他的非议。此后，他

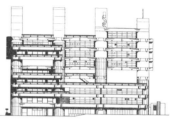

丹下健三，文化会馆，塔的细节以及设计图解，1961—1966 年。山梨县甲府市，日本。

这座建筑被设计成一个多功能中心，根据新陈代谢理论，其功用能够无限发展的建筑。设施都陈放在 16 座塔里，理论上可以增加。

丹下健三，东京城市规划模型（1960 年）。

这个规划最主要的目的是要舒缓东京拥挤的交通。丹下相信，机动车辆的交通，需要辅助设施，因此他设计了一个"城市中轴"，也就是一个道路系统，将不同的区域，比如住宅区、办公区和商业区连接起来，使整个城市成为有机的整体

丹下健三及其合作者，代代木国立综合体育馆，1961—1964 年。东京，日本。

醒目的屋顶外形让人联想到塔顶。

设计了一系列重要的作品，包括山梨县甲府市的文化会馆（1960—1966年）和东京的圣玛利亚大教堂（1963年），所采用的屋顶方案与后来他为1964年东京奥林匹克运动会设计的双重顶体育场综合体相同。丹下设计的奥林匹克运动场能容纳一万五千观众，其屋顶由索缆构成了优雅的弧线，引人注目，起到了装饰的效果。到了20世纪60年代，丹下的兴趣转移到了城市规划领域，这一时期的作品有效地融合了日本文化的两个古代"灵魂"（souls）:弥生文化和绳纹文化，二者从1世纪至今渗透于日本的文化传统中。通过对建筑结构的实验，丹下希望能够建立关于建筑的"新陈代谢"（见《认识建筑》第183页）概念和理论，他的重点在于希望能够实现一种"变化多端"（Protean）的建筑结构，理论上类似于动物的新陈代谢一样，可以无限地推陈出新。他在1960年提出的重新规划东京这个大都市的计划中建议，集中在沿海大道旁修建一系列的巨型建筑，那些被辟为住宅区、办公区和商业区的"岛屿"由二级公路联成网络。丹下从20世纪70年代开始活跃在国际建筑界中，因此他的风格也迅速发展得更为国际化，这一点从他设计的新东京市政厅建筑群以及位于博洛尼亚的菲埃拉区中心的几座塔中可以看出来。

丹下健三，行政中心（新东京都市政厅），1986—1995年。新宿，东京，日本。

丹下健三，代代木国立综合体育馆俯瞰，1961—1964年。东京，日本。

丹下健三，圣玛利亚大教堂，1963年。东京，日本。

抛物面状的屋顶象征着向上的概念，蕴含了神秘的意味。教堂能够容纳1500人，设计方案为十字形。

169

矶崎新

矶崎新，冈之山美术馆，1982—1984 年。西胁，兵库县，日本。

一位大师的成就既可以用他本人的作品来衡量，也可以用其学生的成就来考察。丹下健三对日本建筑界的影响是深远的，他给国人带来了对建筑艺术迅猛且具有颠覆性的思考方式。正是由于他的功劳，在 20 世纪的艺术领域内，这片日出之地又涌现了一位显赫的新人，他激情澎湃、具有强烈的感染力，但又总是极端优雅。得益于丹下健三在学术理论和实践两方面的教导，日本真正的建筑学派形成了，一些建筑师已经获得了国际声誉。其中一位便是矶崎新。

● 生平和作品

矶崎新于 1931 年生于日本大分市。在东京大学就读时期，他跟随丹下健三学习，毕业后进入丹下的工作室，直到 1963 年。

矶崎新如今仍然是一位国际级的大师，从他开始反对自己在 20 世纪 60 年代一直追随的新陈代谢派开始，他的风格演变经历了几个阶段。在他还在丹下健三的工作室期间，丹下的精力基本上都投在了大型项目上，比如东京的新城区计划，而矶崎新只能把自己的创造力用在提些建议以及实施丹下的计划上。几年后，丹下邀请矶崎新一起参与为马其顿王国的斯科普里进行城区重建的项目（1965—1966 年），以及修建大阪国际博览会的节日广场（1970 年），在这些工程中，依然明显体现着新陈代谢派的风格。

从 20 世纪 70 年代开始，矶崎新在风格上转向了简洁的几何外形，虽然有综合使用业已发展成熟的新科技的倾向。这一时期的范例便是北九州美术馆，入口处由立方体和三角形组成，通向一条极为宽敞的阅读长廊，长廊逶迤盘绕在空地上方。从 20 世纪 70 年代末期开始，矶崎新倾向于类似历史主义的风格，这种风格在当时还处于萌芽阶段。他的这一选择可以从后来在威尼斯举行的 "新趋势" 展（Strada Novissima）中看出来。矶崎新和其他著名建筑师一起出席，介绍了自己想法的一部分。从此一直到 80 年代以后，这位日本建筑师充满热情地重拾前人的智慧（朱利奥·罗马诺、艾蒂安·路易·布雷、克洛德—尼古拉·勒杜、卡尔·弗里德里希·申克尔等等）来充实自己的想象力，只是做了少许修改。范例之一便是位于巴塞罗那的圣乔迪体育馆（Sant Jordi Sports Palace，第 57 页），重新阐释了帕拉第奥的维琴察教堂，但却使用了现代先进的科技。同样还有富士山乡间俱乐部，楣梁上是一座圆拱，可以看作是基于帕拉第奥式别墅的自由发挥。而他为佛罗伦萨的乌菲齐美术馆设计的新入口则是学习了市政广场上的中世纪的长廊。近年来，矶崎新也追随了差异地点模式（第 197 页），强调把建筑本身和周围环境进行对比。

对此，他是这样解释的："市政厅可以看作是安静的城市里停泊的宇宙飞船，另一座建筑可以看作是鲸鱼搁浅在城堡脚下……"这个概念与他在波兰克拉科夫修建的日本艺术与技术中心（1990—1994年）非常相称，看上去就是一座城堡压在斜坡上。矶崎新晚些的作品包括位于洛杉矶的现代艺术博物馆（1986 年开放）、东京艺术设计大学（1990 年），以及为纽约古根海姆博物馆设计的几座新的画廊。

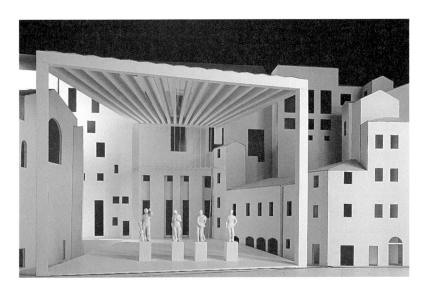

矶崎新，乌菲齐美术馆
新入口模型，1996 年。

矶崎新，市政厅，
1975—1978。神冈，
日本。

矶崎新，日本艺术与科
技中心，1990—1994
年。科拉克，波兰。

矶崎新，文化中心及
会议大楼，1999 年。
静冈，日本。

卢浮宫与贝聿铭

贝聿铭是目前世界上唯一一位享有国际声誉的华人建筑师，他在 1983 年为巴黎卢浮宫设计的作为入口的玻璃金字塔，为他奠定了国际地位。以卢浮宫文艺复兴时期的正立面作为背景，这座金字塔不仅为法国这座伟大的艺术宫殿增添了新的活力，而且也使它适合了现在的用途：具体来说，就是能够恰到好处地迎接不断增加的游客，并且同时保持卢浮宫本身作为一件完整的艺术品的平衡，没有改变原先的风格。贝聿铭的这项工程分为两个阶段。第一阶段是在拿破仑广场地下开挖出一片宽阔的空地，用作入口。现在游客们可以通过三个地下通道进入卢浮宫。这座新的建筑符合现代艺术博物馆所要求的标准，提供各项服务：信息台、寄存处、多个售票窗口、咖啡馆、餐厅、宽大的图书馆以及一个报告厅。简而言之，在另外两个较小的金字塔的映衬下，这座大金字塔犹如一扇天窗，展示了贝聿铭为卢浮宫在科技和建筑上所做的奇思妙想的冰山一角。工程的第一阶段于 1987 年结束，整个工程在 1993 年完工，后续部分，也就是黎塞留侧殿，以前是财政部的办公区，改造成了一个展览区。在当时的总统弗朗索瓦·密特朗的支持下，整项工程最终使卢浮宫成为了世界上最现代化的博物馆。

贝聿铭及合伙人公司，卢浮宫地下的入口楼梯，1983—1987年。巴黎，法国。

贝·考伯·弗里德及合伙人公司，从黎塞留侧殿看皮热广场，1983—1987 年。巴黎，法国。

贝聿铭及合伙人公司，卢浮宫的入口金字塔，1983—1987年。巴黎，法国。

贝聿铭，国家美术馆东馆，1968—1978 年。华盛顿特区，美国。

贝聿铭及合伙人公司，中国银行大楼，1982—1990 年。香港，中国。

● 生平和作品

　　贝聿铭于 1917 年生于中国广东省，17 岁时移民到美国。他先后在麻省理工学院和哈佛大学就读，在哈佛就读时，师从瓦尔特·格罗皮乌斯。在 1948 年到 1955 年与纽约房地产开发商威廉·泽肯多夫（William Zeckendorf）合作期间，他得到了自己的第一个重要项目。38 岁那年，贝聿铭在纽约成立了自己的公司，至今仍然是美国最出色的建筑设计公司之一。随后，一系列公共和私人的工程找上门来，包括修建位于华盛顿特区的国家美术馆东馆。他的这一作品仿佛是在赞美理性主义的概念，简洁、敦实的外形宏伟大气，创造出古典的和自然力的不朽的感觉。贝聿铭的公司（1989 年更名为贝·考伯·弗里德和合伙人公司）接受的项目范围极广，这使得该公司能够发展自己独特的风格，关注最新的进展，这一切归根到底是为了一个最基本的目的：使公司设计的方案在功能上达到最优，并且不受个人审美观点的干扰。矛盾的是，贝聿铭在 20 世纪晚期和 21 世纪初设计的作品所反映的，居然都是 19 世纪的建筑理念。不过他的工作室也做过后现代风格的设计（例如华盛顿的大屠杀博物馆），还采用过高科技技术。后者的范例便是在香港地区修建的中国银行大楼，这座建筑已经成为了香港的标志之一，也反映了中华人民共和国在资本发展方面的强劲势头。贝聿铭在北京和中国其他地区设计的现代化的豪华酒店也体现了这一转变。

罗伯特·文丘里

在 20 世纪 60 年代，罗伯特·文丘里对建筑风格之争及其新的风格倾向的贡献，主要是理论上的。虽然文丘里在作品中的确忠实地反映了自己的主张，但其著作和批评的重要性远远大于他在实践中的成就。在他关于当代建筑潮流的文章《建筑的复杂性和矛盾性》（1966 年）中，他对当时西方建筑界里相互交错但又并非完全协调的建筑风潮作了一个颇有争议的阐释，并提出了所谓的"乡土"（vernacular）建筑复兴计划。在文丘里眼中，乡土建筑设计本来能够在美国文化遗产中占据重要的位置，而在过去，却被理性主义埋没了，这是不公平的。1972 年，他与斯蒂文·艾泽努尔（Steven Izenour）和丹尼丝·斯科特·布朗（Denise Scott Brown）合作，

出版了《向拉斯维加斯学习》（*Learning from Las Vegas*），得到了国际建筑界的认可。在该书中，文丘里集中讨论了由广告、灯光、霓虹灯和假的建筑立面构成的"次要的"（lesser）建筑，并且认为这种建筑是可以作为与故作严肃的国际风格相对抗的范例。突然间，这种过去被认为是垃圾的建筑形式成为了学习的资源，成为了一种充满生命力和讽刺意义的建筑文化。为了清楚地表述这一概念，文丘里用一些篇幅介绍了后现代主义运动的形成（见《认识建筑》第 189—191 页），扯碎了套在国际风格头上的令人敬畏的光环。1980 年，通过与其他人一起在威尼斯建筑双年展上的展示，文丘里成为了后现代主义的高端人物。

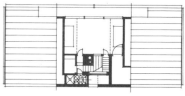

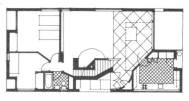

罗伯特·文丘里〔与阿瑟·琼斯（Arthur Jones）合作〕，范娜·文丘里住宅，1959—1964 年。栗子山，宾州，美国。

在为母亲修建房屋时，文丘里从美国传统住宅中汲取了灵感。从设计图可以看出，壁炉被视为整座房屋的"支点"，上楼的楼梯就是从那里开始的。

文丘里、斯科特·布朗和其他合作人，迪斯尼乐园的 RCID 紧急服务中心，1993 年。奥兰多，弗罗里达，美国。

文丘里利用了他在拉斯维加斯所学的。整座建筑外面贴上了明亮鲜艳的瓷砖，给消防中心这个实用性建筑包上了一层伪装。

174

文丘里、斯科特·布朗及合作人，国家美术馆塞恩斯伯里展厅，1991年。伦敦，英国。

罗伯特·文丘里、约翰·劳赫和丹尼丝·斯科特·布朗，布兰特住宅，1970—1973年。格林威治，康涅狄格，美国。

设计这座豪华的建筑的灵感来自于阿道夫·路斯的作品

● 生平与作品

　　罗伯特·文丘里（Robert Venturi）于1925年出生在宾夕法尼亚州费城的一个意大利后裔家庭，后来就读于普林斯顿大学。在拿到建筑学位后，他从1958年开始就在著名的建筑公司工作，比如路易斯·康和伊罗·沙里宁的公司。同时，他还执教于费城的宾夕法尼亚州立大学，直到1977年。1964年，他与约翰·劳赫（John Rauch）合作开办了公司，三年后又与后来成为他妻子的丹尼丝·斯科特·布朗一起开公司（从1989年起，公司名为文丘里、斯科特·布朗和其他合伙人公司）。在反对国际风格的同时，他也把自己的理念付诸实践，为自己的母亲范娜·文丘里（Vanna Venturi）在宾州的栗子山修建了住宅。文丘里运用了美国传统的典型一户式住宅，但赋予了它不同寻常的空间感。文丘里风格中讽刺的一面表现在他晚期的作品中，比如费城的弗兰克林住宅（Franklin House），他用细细的金属条勾勒出了弗兰克林住宅的轮廓。然而，最能表达文丘里的后现代风格倾向的设计，是他所设计的位于伦敦特拉法加广场上的国家美术馆塞恩斯伯里展厅（Sainsbury Wing）。为了与原建筑在视觉上保持一致，文丘里采用了科林斯柱式，这在新建筑风格占主导地位的时代是少之又少的。相反，在为迪斯尼乐园里的RCID消防部设计大楼时，文丘里却采用了戏谑、卡通式的外观。

弗兰克·欧文·盖里

到了弗兰克·盖里这一代，建筑师们不仅依靠计算机的图像、轮廓以及其他软件进行设计，而且还借助计算机来实现从设计到实体的过程。盖里本人也承认，并且并无讽刺之意地说："我的草图就是动动手指罢了：我怎么画得出来呢？我能做出来，全靠计算机；不然我根本不会去尝试。"他的话反映了自三维数码模式使未建成的建筑在视觉上的模拟成为现实后，建筑业得到了何等巨大的改变。但想象力和创造力仍然是盖里对建筑学的最大贡献，从 20 世纪 80 年代末，他产生了这样的想法，认为建筑是雕塑，或是由各种体块组成的准有机体，而不仅仅是做容纳之用。使其成名的西班牙毕尔巴鄂的古根海姆美术馆便反映了他在 1987 年形成的理念（当时电子设备的功能还未达到如今这般令人瞠目的程度），此外还有德国魏尔—莱茵的维特拉家具博物馆。

对于毕尔巴鄂的美术馆，盖里的目的是修建一座具有超强视觉冲击效果的建筑，最终的结果是整座建筑看上去就像是从一大块钛金属膜上刻下来的作品。在立体派和未来主义的作用下，过去与未来结合在一起，或者说像从儒勒·凡尔纳的想象中的鹦鹉螺号。像一艘活生生的宇宙飞船，毕尔巴鄂美术馆占地两万多平方米，放弃了静态法则，入口的人工湖倚在纳尔温湖畔，映照出美术馆自我欣赏的身影。从结构工程学的角度来看，美术馆是一项杰作，最大限度地利用了镀锌钢材，降低了成本，而且同时最大限度地发挥了结构的抗冲击能力。屋顶表面用了极细的钛结构铺垫。

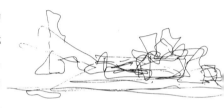

弗兰克·盖里，毕尔巴鄂的古根海姆博物馆草图，1991—1997 年。

弗兰克·盖里，古根海姆博物馆屋顶细节以及外观，1991—1997 年。毕尔巴鄂，西班牙。

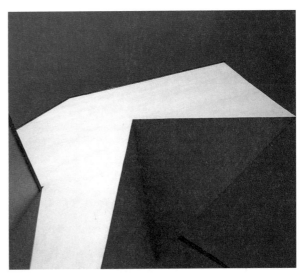

弗兰克·盖里，维特拉家具博物馆外部结构细节，1987—1989年。魏尔—莱茵，德国。

弗兰克·盖里，威尼斯海滩别墅，1987年。威尼斯，加利福尼亚，美国。

弗兰克·盖里，佳德广告公司办公大楼，1985—1991年。威尼斯，加利福尼亚，美国。

● 生平和作品

弗兰克·欧文·盖里（Frank Owen Gehry）于1929年生于多伦多，相继在美国洛杉矶的南加州大学和哈佛大学学习。从1953年起，他在不同的建筑公司工作，最终于1962年创建了自己的公司。他的职业生涯早期并没有重要的工程，因为他主要在设计商店和一户式的住宅，但他对建筑解构学说的钟情最终还是使他脱颖而出。这种倾向最终在盖里为自己设计的住宅中达到高峰，他把自己位于加州圣莫尼卡的一座传统的荷兰殖民地式住宅转变成了在国际上备受赞誉的解构主义风格（见《认识建筑》第193页）的房屋。然而，人们还是无法把盖里归为某种特定的风格。例如在设计加州威尼斯的佳德广告公司办公大楼（1985—1991年）这一类的建筑时，盖里充分运用了波普艺术的语言，把整个设计建立在雕塑家克拉斯·奥登伯格（Claes Oldenburg）的一幅草图的基础上，不过同时赋予了它恢宏的气势。奥登伯格所设想的那副望远镜变成了建筑物的门廊，虽然这件日常用品被放大了许多倍，但原形却并未被改变。盖里在布拉格设计的荷兰国民人寿保险公司大楼（Nationale-Nederlanden，1992—1996年）时，重新起用了解构主义风格，相邻的两座塔楼里，一座明显呈半倒塌状态斜倚在另外一座上，反映了设计者对国内现代都市生活的态度。盖里近期的作品包括纽约市的新古根海姆博物馆，他把摩天大楼僵化的外形拆开，重新组合成了建筑物曲线的外表，象征了这座城市的流动和能量，此外，还有2003年开放的洛杉矶沃尔特·迪斯尼音乐厅。

伦佐·皮亚诺

伦佐·皮亚诺和彼得·赖斯，曼尼收藏博物馆，1981—1986 年。休斯敦，得克萨斯，美国。

钢结构的混凝土屋面，目的是为了使自然光线最大限度地落在艺术品上。

回忆过去，伦佐·皮亚诺的名字仍然与他设计的巴黎乔治·蓬皮杜中心（1972—1978 年）紧紧联系在一起，这座建筑把他推到了国际建筑界的前沿。蓬皮杜中心之所以能够长期地保持独树一帜，原因众所周知，它第一次推翻了传统的关于建筑的视觉极限的定论。在此之前，即便是最富幻想的建筑也很小心地，就算不是隐藏，也是避免暴露建筑结构的"秘密"。换言之，建筑物里的排气管、空调系统、电梯、楼梯等等都被很小心地遮盖起来，因此从外观上来看，建筑物都很整洁，呈现的均为被认为具有审美价值的元素。从这一点来看，无论蓬皮杜中心看上去如何迷人，甚至是赏心悦目，对传统观念来说，都无疑是打在软肋上的一记重拳。看这座建筑的感觉犹如是观看生物的 X 光片。一切都具有革命性，这座建筑跟随现代建筑界里被称为高科技的风潮（见《认识建筑》第 194 页），使用了最先进的技术。蓬皮杜中心并非意在免费展示古怪事物或是设计师在纵容自己挥洒勇气，这种设计的目的在于满足功能灵活性的要求。一言以蔽之，这座建筑就是一个巨大的容器，比较合适的名字是"文化机器"，占地不少于 7400 平方米，完全摆脱了建筑结构的阻碍。所有产生阻碍的因素全部被挪到了建筑的周边（60 米 ×170 米），内部由钢和铸铁质地的骨架辟出 48 米以上的空间。因此蓬皮杜中心被称为"多功能"实属名至实归。单纯从审美角度来看，蓬皮杜中心代表了建筑与周围环境关系发展的一个转折点，掀起了一股新的潮流，最终发展为高技派（见《认识建筑》第 197 页）。

皮亚诺和罗杰斯，乔治·蓬皮杜中心，1971—1977 年。巴黎，法国。

皮亚诺对外形的选择反映出了他对圣伊里亚（第 338 页）的设计草图的借鉴，以及借鉴伦敦的一群建筑师和设计师组成的名为建筑电讯派（Archigram group）的团体发展的"早期未来主义"风格。

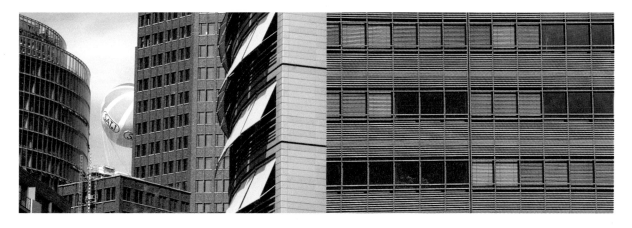

伦佐·皮亚诺和其他合作者，重建的波茨坦广场，1992—2000 年。柏林，德国。

柏林墙推倒后，戴姆勒－奔驰公司大力提倡重建计划，使得这片被"二战"摧毁、被柏林墙淹没了光华的广场重见天日。这个计划主要由伦佐·皮亚诺工作室负责，同时还包括了其他著名建筑师，例如矶崎新、罗杰斯、克尔霍夫和莫尼奥。该计划包括了 19 座建筑，建成后将被作为写字楼、公寓楼和一座天幕电影院。

● **生平和作品**

伦佐·皮亚诺（Renzo Piano）于 1937 年生于意大利的热那亚，相继在佛罗伦萨大学和米兰工学院学习，1964 年取得建筑学位。毕业后，他立即参与到了国际型的大项目当中，先在费城的路易斯·康工作室（见《认识建筑》第 187 页）工作，后来移居伦敦，与理查德·罗杰斯共事。1971 年，他与理查德·罗杰斯（见《认识建筑》第 194 页）合作，设计了蓬皮杜中心。从 1977 年起，他开始与彼得·赖斯合作，两人一同工作至 1993 年，后者曾协助解决了悉尼歌剧院的结构难题。1981 年，他建立了伦佐·皮亚诺建筑工作室，在伦敦和热那亚均有工作室，工程遍布全世界。皮亚诺的艺术想象力在许多领域均得到体现，比如在城市规划和剧院设计中，而他在建筑业内也算得上是多才多艺，这一点可以从他设计的建筑中得到证明，例如位于休斯敦的曼尼收藏博物馆（Menil Collection），从某种意义上说，这座博物馆具有"反蓬皮杜中心"的意味。大厅的照明来自于自然光线，整座建筑远离了高科技的包围。皮亚诺惯用高科技的形式来表达思想，在位于新喀里多尼亚的努美阿文化中心（Nouméa Cultural Center）里，他用传统的木材所创造的新式外观令人吃惊。同样，皮亚诺在可以自由发挥创造力的时候，设计出了阿姆斯特丹的科技博物馆，这座博物馆看上去就像一艘巨轮在等待出航，奔向未知的海洋，与周围的海港环境丝丝相扣，异常和谐。皮亚诺还与其他建筑师合作，在柏林墙旧址所在地重建了波茨坦广场。

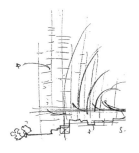

伦佐·皮亚诺和彼得·赖斯，特吉巴奥文化中心，1991—1998 年。努美阿，新喀里多尼亚。

圣地亚哥·卡拉特拉瓦

从 19 世纪中期开始，建筑师和工程师就有关于建筑负责人的争论，他们认为，由于在修建过程中使用了各种新技术，因此一项工程需要一位负责人，而不仅仅是建筑师或者工程师。他们的争论或多或少在圣地亚哥·卡拉特拉瓦的作品中找到了答案，因为不论是建筑师还是工程师，他均皆可担当。在接受基础训练时，这位建筑师便被一股创造风潮所吸引，来源便是古斯塔夫·埃菲尔的作品（见本书第 140 页），而且这股风潮在 20 世纪产生了许多值得夸耀的人物，比如西班牙建筑师爱德华多·托罗亚·米雷（Eduardo Torroja y Miret, 1899—1961 年）和费利什·坎德拉（Felix Candela, 1910—1997 年）、意大利人皮尔·路易吉·奈尔维（见《认识建筑》第 186 页）和里卡多·莫兰迪（Riccardo Morandi, 1902—1989 年）、英国人奥韦·阿勒普（Ove Arup, 1895—1988 年），以及德国人弗赖·奥托（Frei Otto, 生于 1925 年）。卡拉特拉瓦很明显倾向于使用高科技，通过个人对有机外形的阐释以达到震撼的效果。在他的创作过程中，他的设计是从雕塑、水彩画和草图开始，并不特别在意最后是否能够建成。然而，鉴于他在技术技巧方面的天赋，他从未违背过自己最初的计划，例如巴塞罗那的孟特惠克电讯塔（Montjuic, 1991 年），外形仿佛一支利箭冲向天空，该外形来源于卡拉特拉瓦所画的跪着请求的人。他最大的兴趣在于挖掘某些建筑形式中隐藏的能量，范例便是瓦伦西亚的阿拉梅达地铁站大桥（Alameda），酷似一张满弓。

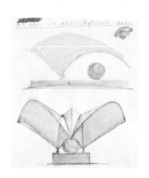

圣地亚哥·卡拉特拉瓦，罗讷—阿尔卑斯—萨托拉高速火车站水彩设计草图，1989 年。里昂，法国。

圣地亚哥·卡拉特拉瓦，罗讷—阿尔卑斯—萨托拉高速火车站，1989—1994 年。里昂，法国。

这座建筑的外形极具冲击力，能够激发人们的想象，使人们联想到火车和飞机的结合体，仿佛一种蕴藏着巨大能量的现代高科技动物。

圣地亚哥·卡拉特拉瓦，纽约圣约翰大教堂南面十字架的模型（1991 年）。

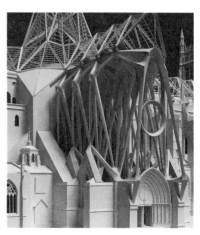

圣地亚哥·卡拉特拉瓦，阿拉梅达地铁站大桥，1991—1996年。瓦伦西亚，西班牙。

圣地亚哥·卡拉特拉瓦，阿拉米奥大桥，1992年。塞维利亚，西班牙。

圣地亚哥·卡拉特拉瓦，科威特大厦，1992年世博会。

● **生平和作品**

圣地亚哥·卡拉特拉瓦（Santiago Calatrava）于1951年出生在西班牙瓦伦西亚附近的贝尼马米特（Benimamet），日后成为了当代建筑界和工程界的领军人物。从1968到1969年，他在瓦伦西亚艺术学校学习，后来在高级建筑艺术学院就读至1973年。1975年，他移居苏黎世，1981年在联邦理工大学（ETH）毕业，博士论文探讨的是灵活结构，特别是托架的功能。基于扎实的技术功底，在他的设计作品中，建筑的构架本身就是一个决定性的因素，不仅仅是用来支撑屋顶，而是一个向空间强有力地伸展的一种形式，正如他本人反复声明的，"建筑是从内到外的"。其中一个具有巨大的视觉冲击效果的例子便是连接了里昂及其机场的里昂－萨托拉（Lyon–Satôlas）高速火车站，它甚至能激发人们对速度的视觉感受。卡拉特拉瓦的兴趣在于研究建筑形式向空间的伸展，然而这一兴趣并非来源于对现代化的狂热追捧，而是他的勤奋的集中反映：探索结构和形式之间的关系。他曾这样说道："我的研究……方向有时候被我自大地称为雕塑。"这或许也能够解释他参加了1991年在纽约举行的重建圣约翰大教堂的设计竞赛，这座教堂是纽约市的标志性建筑之一。卡拉特拉瓦提供的设计要求添加一个哥特风格的十字架；在十字架和教堂中心上空50米处悬浮着一个生物圈；屋顶上悬着一个空中花园，寓意来自于《圣经》中的天堂。卡拉特拉瓦以桥梁设计著称，2004年，他公布了自己设计的纽约新世贸大厦交通中心方案，外观是典型的冲天形状。

人名索引

图片来源

Credits

Archivio Giunti（按字母顺序排列）：15 页下图，19 页上图，133 页下图（Atlantide/Massimo Borchi）；Claudio Carretta, Pontedera：28 页左图；Dario Coletti, Rome：82 页下图；Patrizio del Duca, Florence：80 页下图，81 页下图；Giuseppe De Simone, Florence：103 页左下图；Antonio di Francesco, Genoa：125 页上图；Jona Falco, Milan：48 页上图；Stefano Giraldi, Florence：35 页右上图，100 页下图，161 页上图，165 页左下图；Nicola Grifoni, Florence：16 页上图，17 页上图，19 页右上图，29 页下图，33 页上图，34 页右上图，34 页下图，44 页右图，51 页左上图，54 页左上图，60 页下图，63 页右下图，66 页左图，69 页上图，72 页右下图，73 页中图，76 页图，79 页上图，80 页左上和下图，80 页右图，81 页上图，86 页下图，88 页右图，89 页左下和右图，90 页上图，91 页右下图，93 页图，94 页上图，95 页下图，98 页上图，100 页左上图，103 页上图，106 页图，112 页中图，114 页右图，116 页图，124 页下图，135 页下图，139 页左下图，140 页左图，143 页左上和右图，144 页左上和右图，145 页左下图，146 页右图；Aldo Ippoliti, Rome（Concessione S.M.A. no. 945 of 18/11/1993）：43 页中图；Nicoló Orsi Battaglini, Florence：62 页左上图；Marco Rabatti-Serge Domingie, Florence：142 页左下图；Humberto Nicoletti Serra, Rome：99 页左下图，118 页左图，146 页左图，147 页上和左中图。

Atlantide, Florence（按页面顺序）：40 页图（Massimo Borchi）；41 页右图（Stefano Amantini）；55 页左中图，69 页下图（Massimo Borchi）；160 页右下图（Guido Cozzi）；163 页上图（Stefano Amantini）。

Contrasto, Milan：98 页左图（Erich Lessing）。

Corbis/Contrasto, Milan：14 页上图（Karen Huntt Mason）；17 页下图（James Davis）；26 页上图（Yann Arthus-Bertrand）；27 页左图（Roger de la Harpe/Gallo Images）；32 页右图（Earl & Nazima Kowall）；34 页左上图（Archivio Iconografico, S.A.）；35 页下图（Paul Almasy）；36 页下图（Ric Ergenbright）；37 页左下图（Ruggero Vanni）；43 页右下图（Adam Woolfitt）；48 页中图（GE Kidder Smith）；49 页左上图（Chris Lisle）；51 页中图（Paul A. Souders）；52 页右图（John Slater）；55 页左上图（John Dakers）；56 页下图（Macduff Everton）；58 页左下图（Angelo Hornak）；61 页右上图（Christine Osborne）；61 页左上图（Eric Dluhosch, Owen Franken）；66 页右上图（© Bettmann/Corbis）；67 页右下图（Chris Bland）；69 页中图（Joseph Sohms/Visions of America）；71 页下图（Oriol Alamany）；73 页右下图（Dave G. Houser）；74 页上图（Sandro Vannini）；78 页右图（Adam Woolfitt）；83 页上图（Werner Forman）；96 页右上图（Ruggero Vanni）；97 页下图（© Bettmann/Corbis）；100 页右上图（Gillian Darley）；101 页上图（Adam Woolfitt）；104-105 页上图（Archivio Iconografico, S.A.）；106 页图（Adam Woolfitt）；107 页右图（Harald A. Jahn; Viennaslide）；110 页左下图（© Bettmann/ Corbis）；111 页图（Gianni Dagli Orti）；112 页下图（Roger Wood）；113 页上图（Kevin Fleming）；117 页图（Paul Almasy）；119 页右下图（Diego Lezama Orezzoli）；121 页上图（Sandro Vannini）；124 页上图（Mimmo Jodice）；125 页下图（Vittoriano Rastelli）；129 页下图（Paolo Ragazzini）；130 页下图（Robert Holmes）；134 页左图（Kevin R. Morris）；137 页下图（Pierre Colombel）；137 页上图（John T. Young）；141 页下图（Mimmo Jodice）；146 页左图（Araldo de Luca）；149 页上图（Yann Arthus-Bertrand）；149 页左下图（Philippa Lewis）；149 页右下图（Macduff Everton）；152 页上图（© Historical Picture Archive/Corbis）；152 页下图（Lindsay Hebberd）；153 页下图（Sheldan Collins）；153 页上图（Stephanie Colasanti）；154 页右下图（Paul Almasy）；154 页上图（Charles Lenars）；155 页下图（Kevin Schafer）；155 页左中图（Gian Berto Vanni）；157 页上图（Robert Holmes）；157 页下图（Joseph Sohm）；158 页左下图（Cuchi White）；159 页下图（Robert Holmes）；161 页右下图（Dallas and John Heaton）；163 页中图（Marc Garanger）；163 页右下图（© Corbis）；165 页左上图（Andrea Jemolo）；165 页右上图（José F. Poblete）；166 页右图（Paul Seheult）；167 页下图（Sakamoto Photo Research Laboratory）；168 页上图（Michael S. Yamashita）；170 页左上图，171 页上图（Andrea Jemolo）；171 页下图（Archivio Iconografico, S.A.）；178 页上图（Ruggero Vanni）；181 页右下图（© Bettmann/Corbis）；182 页上图（Archivio Iconografico, S.A.）；183 页下图（Gillian Darley）；184 页下图（© Lake County Museum）；188 页上图（Layne Kennedy）；188 页中图（Angelo Hornak）；189 页左上图（Raymond Gehman）；190 页中图（Werner H. Müller）；193 页下图（Richard Schulman）；194 页右图（Macduff Everton）；195 页上图（Yann Arthus-Bertrand）；195 页中图（Pawel Libera）；196 页中图（Grant Smith）；196 页下图（Craig Lovell）；197 页中图（G.E. Kidder Smith）。

Michele Dantini, Florence：31 页图，36 页上图，57 页左下和右下图，77 页上图，161 页中图。

Fao Photo：10 页左下图。

Gloria Fossi：11 页下图，20 页左中和左下图，35 页左上图。

Landesbildstelle Berlin：158 页上图。

Olympia Publifoto, Milan：190 页右图。

Foto Scala, Florence：120 页上图，141 页上图，143 页右图，145 页右上图，150 页左上图，187 页左上和右上图。

Foto Vasari, Rome：62 页右上图。

Drawings：
Cristina Basaldella（from M. Pozzana, I giardini di Florence e della Toscana, Giunti, Florence 2001）：39 页上图。
Sergio Biagi, Florence：112 页上图，113 页下图，128 页上图，130 页上图，132 页图，133 页上图。